# 土木工程测量实训教程

王 岩 主编　刘茂华　孙俊娇　副主编

化学工业出版社
·北京·

# 内容简介

《土木工程测量实训教程》是与《土木工程测量》（刘茂华主编，化学工业出版社出版）相配套的实训教程。实验、实训内容均与教材中对应章节相匹配，旨在通过实验、实习等实训环节加深学生对理论知识的理解，提升学生实践能力。书中每个实验和实习均列出了实验目标与实习目标，结合工程教育认证，阐述实验和实习后学生应该达到的能力与要求。

全书分为五个部分：第一部分为实训须知，介绍了测量实验、实习等实训环节的一般规定、测量仪器设备的操作规范、数据记录与处理的注意事项等；第二部分为实验指导，详细讲解每一个实验的实验目标、实验要求、实验步骤、注意事项等；第三部分为实习指导，基于实习目标和实习要求，确定实习内容与实习任务，详细介绍实习的步骤与相关的限差要求；第四部分为实验报告，用于记录实验数据，处理实验数据和分析实验结果；第五部分为实习报告，用于记录和处理实习数据，分析实习结果。

《土木工程测量实训教程》适用于土木工程、工程管理、道路与铁道、桥梁与渡河工程、地下空间工程、给水排水工程等工科专业本科、专科及高等职业教育相关专业的测量学或工程测量课程的实践环节教学，还可供各单位测量技术人员参考。

**图书在版编目（CIP）数据**

土木工程测量实训教程/王岩主编；刘茂华，孙俊娇副主编．—北京：化学工业出版社，2022.6(2024.1重印)
高等学校规划教材
ISBN 978-7-122-40916-4

Ⅰ.①土… Ⅱ.①王… ②刘…③孙… Ⅲ.①土木工程-工程测量-高等学校-教材 Ⅳ.①TU198

中国版本图书馆 CIP 数据核字（2022）第 039431 号

责任编辑：满悦芝　石　磊　　文字编辑：王　琪
责任校对：宋　玮　　装帧设计：张　辉

出版发行：化学工业出版社（北京市东城区青年湖南街 13 号　邮政编码 100011）
印　　刷：北京云浩印刷有限责任公司
装　　订：三河市振勇印装有限公司
787mm×1092mm　1/16　印张 5½　字数 140 千字　　2024 年 1 月北京第 1 版第 3 次印刷

购书咨询：010-64518888　　售后服务：010-64518899
网　　址：http://www.cip.com.cn
凡购买本书，如有缺损质量问题，本社销售中心负责调换。

**定　　价：22.00 元**

# 编写人员名单


| | | |
|---|---|---|
| 主　　编 | 王　岩 | 沈阳建筑大学 |
| 副 主 编 | 刘茂华 | 沈阳建筑大学 |
| | 孙俊娇 | 沈阳工学院 |
| 参　　编 | 由迎春 | 沈阳建筑大学 |
| | 王井利 | 沈阳建筑大学 |
| | 马运涛 | 沈阳建筑大学 |
| | 姚　敬 | 沈阳建筑大学 |
| | 王　新 | 沈阳建筑大学 |
| | 卫晓庆 | 沈阳工学院 |
| | 陈资博 | 辽宁省建筑设计研究院岩土工程有限责任公司 |
| | 王有伟 | 辽宁省建筑设计研究院岩土工程有限责任公司 |

# 前言

测绘是实践性较强的学科,实验与实习等实训环节是测绘类课程的重要辅助手段，通过实训可以将理论知识与实践充分地结合，促进学生对理论知识的理解和动手能力的提升，真正达到学以致用的目的。土木工程测量是以土木工程专业为代表的诸多工科专业的重要专业课之一，是相关专业从事规划设计、工程建设、地理信息等工作的基础。为了满足相关专业的人才培养要求，配合刘茂华主编、化学工业出版社出版的《土木工程测量》一书的教学需要，我们基于工程教育认证理念，设计和编写了本实训教程。

本教程全面贯彻工程教育专业认证所倡导的“以产出为导向、以学生为中心、持续改进”的 OBE（Outcomes-Based Education，OBE）理念，内容编排与《土木工程测量》一书相吻合，重点服务于理论教学过程中的实践内容。本教程中设计了多项较为常见、较为实用的实验项目和实习任务，根据每一个实验项目和实习任务的目标与要求，详细阐述实验与实习的外业操作步骤和内业计算方法，并配以与之相对应的实验报告和实习报告，各学校与各专业在教学的过程中可以根据教学大纲灵活选择全部或部分的任务。

本教程由沈阳建筑大学、沈阳工学院、辽宁省建筑设计研究院岩土工程公司等高校和测绘企业共同编写，高校与生产单位优势互补，理论知识与实践相结合，既满足基本教学要求，又能体现行业发展需要。本教程适用于土木工程、道路与铁道、桥梁与渡河工程、地下空间工程、给排水工程以及工程管理等工科专业本科、专科及高等职业教育的测量学或工程测量课程的实践环节教学。

由于编者水平有限，书中难免存在不妥之处，敬请各位专家和读者批评指正。

**编　者**

**2022 年 5 月**

# 目 录

# 第一部分 《土木工程测量》实训须知

“土木工程测量”是一门实践性较强的专业课，实验、实习、实训等实践环节是课程教学中重要的辅助内容。它不仅可以验证课堂理论知识，更是巩固和深化课堂所学知识的重要环节。通过对测量仪器的操作、外业数据的记录、内业成果的计算等方面的实训，强化测量的基础知识，使学生真正掌握测量的基础理论、基本方法和基本技能，不断提高学生的动手能力。通过实训环节，不仅可以培养学生分析问题、解决问题、独立工作的能力，还可以培养学生的团队合作能力，为今后解决实际工作中的测绘问题打下良好的基础。

## 一、测量实训的一般规定

1.实验或实习前必须巩固学习《土木工程测量》（刘茂华主编，化学工业出版社出版）中相关章节的内容，并结合指导教师推荐的慕课资源，认真阅读相应的实验指导或实习指导，了解实验或实习的任务及要求。

2.实验和实习均以小组为单位进行，由组长负责组织和协调工作，小组成员合理分工，团结合作，互相配合，共同完成实验任务和实习任务。

3.实验和实习应在规定的时间内进行，不得无故缺席或迟到、早退。

4.实验和实习应在规定的场地内进行，不得擅自改变地点。

5.实验和实习开始前，各小组凭组长或组员的有效证件到实验室办理仪器和工具的借领手续，并于实验和实习结束后到实验室办理仪器和工具的归还手续。

6.实训期间必须遵守实验室的相关管理规定，应听从教师的指导，严格按照实验与实习的要求进行相关的实验项目，遵守仪器操作规范。

7.实验和实习应该按照要求认真、按时、独立地完成相关任务，实验和实习结束后，应该把观测记录、实验或实习报告及有关资料交由指导教师审阅，经指导教师认可后方可收装仪器和工具，做好必要的清洁与整理工作，向实验室归还仪器和工具，结束实验和实习。

## 二、测量仪器使用规则和注意事项

测量仪器属于较为精密的专用设备，尤其是精密水准仪、全站仪、GNSS接收机等精密光学仪器和电子仪器，其结构较为复杂，价格较为昂贵，需要学生高度重视，严格遵守仪器的使用说明去操作。对测量仪器的正确使用、精心爱护和科学保养，是从事测量工作的人员必须具备的基本职业素养，也是保证测量成果质量、提高测量工作效率、充分发挥仪器性能、延长测量仪器使用年限的必要条件。因此，在测量实验和实习过程中，应该严格遵守以下测量仪器的使用规则和注意事项。

**1. 测量仪器和工具的借用**

（1）以实验小组或实习小组为单位共用测量仪器和工具，实验和实习开始前按小组编号在指定地点凭有效证件向实验室人员办理借用手续。

（2）借用测量仪器和工具时，按照当次实验和实习的仪器工具清单当场清点检查，判断实物与清单是否相符、仪器外观是否完好、各旋钮和按键是否有效等，确认无误后领出。

（3）搬运前，必须检查仪器箱是否完好并锁好；搬运时，必须轻拿轻放，避免剧烈震动和碰撞。

（4）实验结束，应及时将测量仪器和工具等装入仪器箱内，电子仪器应取出电池，清除三脚架、尺垫等接触地面的零部件上的泥土，将三脚架收拢，妥善清理一次性使用的实验耗材。仪器和工具清点无误后送还借用处检查验收，如有遗失或损坏，应写出书面报告说明情况，进行登记，并应按照有关规定进行维修或赔偿。

**2. 仪器的安装**

（1）先将三脚架在地面上安置稳妥，调整脚架至合适的高度，架头大致水平，安置经纬仪、全站仪等需要对中的仪器时，脚架应与地面点大致对中。

（2）开箱取仪器，将仪器从箱中取出之前应看清仪器在箱中的正确安放位置，以避免装箱时发生困难。取出仪器时，应先松开制动螺旋，用双手握住支架或基座，轻轻安放到三脚架头上，一手握住仪器，一手拧紧连接螺旋，使仪器与三脚架连接牢固。

（3）安装好仪器之后，要关闭仪器箱盖，防止灰尘等异物进入仪器箱内，将仪器箱放于测站旁不妨碍观测的较为清洁之处，严禁坐在仪器箱上或在仪器箱上放置杂物。

（4）仪器对中、整平完成后，检查仪器架设是否牢固，如果在泥土地面，应将三脚架的脚尖踩入土中，如果为坚实地面，应防止脚尖有滑动的可能性，尽量避免在瓷砖、冰面等光滑表面架设仪器，如果必须架设，则应做好防滑措施。

**3. 仪器的使用**

（1）仪器应安置在人行道或路边不妨碍交通的位置，仪器安置之后，无论是否处于观测状态，必须有人看护，禁止无关人员使用或拨弄仪器，避免行人、车辆碰撞。

（2）水准尺、棱镜等辅助设备也必须始终有人看护，暂时不用时应平放于平整的地面上，不要立于建筑物、树干等支撑物旁，防止摔倒损坏；不要横放于路面上，防止阻碍交通或造成设备损坏。

（3）仪器镜头上的灰尘应该用仪器箱中的软毛刷拂去或用镜头纸轻轻擦去，严禁用手指或普通纸巾、湿巾等擦拭，以免损坏镜头上的药膜，观测结束后应及时套上物镜盖。

（4）在强烈阳光下观测时，应给仪器撑伞防晒，以免影响观测精度；严禁在雨天、雪天、雾霾天气、大风天气等恶劣气象条件下使用仪器。

（5）旋转仪器照准部时，应先松开制动螺旋，然后平稳转动；使用微动螺旋时，应先旋紧制动螺旋，但是切勿过紧。使用微动螺旋时，微动螺旋不要旋至尽头，应使用中间段的螺纹。如果微动螺旋已经旋至尽头，则应先将其旋回中间部位，再松开制动螺旋，旋转仪器照准部后再重新使用微动螺旋。

（6）仪器在使用过程中发生任何异常或故障时，应第一时间向指导教师报告，由指导教师处置，不得擅自处理。

（7）水准仪、经纬仪、全站仪等具有照准装置的仪器设备，严禁瞄准太阳或其他强光光源；全站仪等激光类仪器在测量过程中，不要直视其物镜或激光发射装置。

### 4. 仪器的搬迁

（1）在行走不便的地段搬迁测站或远距离搬迁测站，或其他不利于仪器迁移的情况下，必须将仪器装箱后再搬迁。

（2）在行走方便的地段，且距离较近时进行搬迁测站，可以将仪器连同三脚架一起搬迁。搬迁时，应先确保仪器和三脚架之间的连接螺旋处于旋紧状态，然后松开照准部制动螺旋，如果是全站仪、经纬仪等仪器，应将望远镜物镜朝向度盘中心。完成上述操作后，均匀收拢三脚架的架腿，一只手托住仪器的支架或基座，另一只手抱住脚架，稳步行走。严禁将仪器斜扛于肩上进行搬迁，严禁奔跑。

（3）搬迁测站时，应同步将仪器箱等所有的仪器附件及工具同步搬迁，切勿置于原地，防止遗失。

### 5. 仪器的装箱

（1）实验结束后，或实习中一项任务结束时，仪器使用完毕，应清除仪器上的灰尘，套上物镜盖，松开各制动螺旋，将脚螺旋调至中段，并使三个脚螺旋大致同高。之后，一手握住仪器支架或基座，一手松开仪器与三脚架间的连接螺旋，使仪器与三脚架脱离，双手从架头上取下仪器。

（2）按照仪器取出时的方向将仪器放入箱内，使其正确就位。试关箱盖，如果箱盖无法紧密关闭，说明仪器放置位置或方向不正确，应取出仪器重新放置，切不可强压箱盖，以免损伤仪器。确认仪器放妥后，关好箱盖并锁好。

（3）清除仪器箱外的灰尘和三脚架上的泥土。

（4）清点仪器附件和工具，确认无误后归还仪器。

### 6. 测量工具的使用

（1）使用钢尺时，应确保地面平坦，并较为水平，无地势的起伏，尺面应平铺于地面，尽量防止尺面扭转，防止行人踩踏或车轮碾压，尽量避免尺面沾水或泥土。完成一段测量向下一段行进时，必须将尺身提起离地，携尺前进，或将尺收回后再行进。切勿沿地面拖行钢尺，以免磨损尺面刻划或损坏钢尺。钢尺使用完毕，应将尺面擦拭干净后收回。

（2）使用水准尺时应注意防止受横向压力，防止竖立时倒下，防止水准尺底部和尺面分划受到磨损。

（3）使用棱镜时应将棱镜安装到位，防止镜头掉落；应注意防止竖立时倾倒、刮擦碰撞等损坏棱镜的现象的发生。

（4）持金属塔尺、棱镜杆行走时应注意路线上方的电线，避免发生触电事故。

（5）测钎、尺垫、卷尺等小件工具应做到使用时有人看管，使用后立即收回，防止遗失或损坏。

（6）钢钉、贴片等一次性使用的耗材应在实验或实习结束后清理干净，以免给他人或周边环境造成影响。

## 三、记录与计算的注意事项

（1）测量实验和实习中，外业实测所得的各项数据必须使用铅笔按照指定的格式记录于相应的实验报告或实习报告中，并完成后续计算。记录时字迹要清楚、工整，要求做到随测随记，不得先将数据记录于他处再进行转抄，更不得更改、伪造、编造数据。

（2）记录过程中严禁使用橡皮等涂改工具，记录错误时应将错误的数字划去，并把正确的数字记录于原数字的上方，同时在备注栏内注明修改的原因。不得在原数字上涂改，同一条记录中不得出现连环修改。

（3）同一条观测记录中记录错误超过两处，则应重测此测站，将原有观测记录整行划掉，在备注栏注明原因。

（4）观测员读出数字后，记录员应将所记数字清晰地复诵一遍，以防出现读错、听错、记错等现象。

（5）记录数字要完整，不得省略零位，例如水准尺的读数 1.400m、水平度盘读数 150°30′06″、距离观测值 30.280m 等读数中的“0”均应填写。

（6）观测手簿中的所有记录内容和检核计算内容必须做到“站站清”，即每个测站上必须完成该测站的全部记录与计算，检核后无记录错误、无计算错误、无超限现象后方可搬迁测站。

（7）外业所有测站上观测数据均检核无误并符合测站限差要求后，方可收装仪器完成实验或实习的外业部分，应尽快完成数据的内业计算。

（8）测量数据计算时，计算值原则上应与原始观测值保留相同的小数位数，无法整除的部分按照“四舍六入，逢五奇进偶舍”的原则进行小数位的取舍。例如保留三位小数时，1.3864 应取值为 1.386；1.3866 应取值为 1.387；1.3865 应取值为 1.386；1.3875 应取值为 1.388。

# 第二部分 《土木工程测量》实验指导

## 实验一 水准仪的认识与使用

### 一、实验目标

1. 了解 S3 级光学水准仪的结构，认识水准仪的望远镜、水准器、基座、脚螺旋、制动螺旋、微动螺旋、调焦螺旋、微倾螺旋等各部件，熟悉其作用；

2. 认识水准尺的结构与刻划，掌握水准尺刻划的读数方法；

3. 掌握 S3 级光学水准仪的使用方法，能够按照“安置—粗平—瞄准—精平—读数”的流程进行规范操作；

4. 掌握普通水准测量观测手簿的记录格式与方法，能够将观测所得读数准确填入相应表格内，并计算高差；

5. 实验后能够对实验进行全面的总结，对实验过程中遇到的问题与数据精度等方面进行合理的分析，得出有益的结论，为后续实验和工作做好准备。

### 二、实验要求

1. 每人独立完成水准仪的安置、粗平、瞄准、精平、读数等各项操作，要求精平时管水准器的气泡偏离中心不得超过一格；

2. 每人至少司尺一次，要求规范使用尺垫，确保水准尺处于竖直状态，尽量保证水准尺稳定不摇晃；

3. 要求每人独立照准四个目标上的水准尺，并读取水准尺的读数，要求在水准尺上准确读至厘米位，估读至毫米位。

### 三、实验器材

S3 级光学水准仪 1 台，三脚架 1 个，水准尺 2 根，尺垫 2 个，记录手簿若干，记录板、铅笔等辅助工具 1 套。

### 四、实验步骤

#### 1. 准备工作

实验开始之前首先对设备进行全面检查，如果仪器及辅助工具有任何的异常，应及时更换或交由指导教师处置，主要检查的项目包括以下几个方面：

(1) 检查仪器箱外观是否有破损，检查仪器箱锁是否有效；

(2) 打开仪器箱，检查箱内配件是否齐全，检查仪器外观是否完好，检查脚螺旋、制动螺旋、微动螺旋、调焦螺旋等是否有效，检查水准器是否灵敏；

(3) 检查水准尺的尺面分划是否清晰，水准尺的尺身是否有弯曲、破损等影响测量精度的情况；

(4) 检查三脚架是否完好，各螺丝是否有效。

**2. 安置水准仪**

(1) 打开三脚架，安置于土质坚实且较平坦的地面上，调节三脚架到合适高度，固定三脚架腿，并使架头保持大致水平；

(2) 双手握住仪器，将仪器从箱中取出，将水准仪置于架头上，一手扶住仪器，一手拧紧连接螺旋；

(3) 认识水准仪的结构，包括望远镜、圆水准器、水准管、基座、水平制动螺旋、水平微动螺旋、微倾螺旋、准星等。

**3. 粗平**

调节水准仪的脚螺旋，使圆水准气泡处于居中状态。调节时，首先任意调整两个脚螺旋，两手各握住一个脚螺旋，同时向内或向外转动，圆水准气泡的移动方向将与左手大拇指的移动方向相同；将水准气泡调节至与第三个脚螺旋相同或相对方向时，调节第三个脚螺旋，使圆水准器的水准气泡居中。

**4. 立尺**

在距离水准仪 10～20m 的不同方向上分别放置两个尺垫，尺垫上放置水准尺，双手扶尺，注意观察尺身后方的圆水准器，通过调整水准尺的方向使水准器的气泡居中，确保水准尺处于竖直状态。

**5. 瞄准**

(1) 首先使望远镜瞄准较为明亮之处（注意不要瞄准太阳)，调节望远镜目镜调焦螺旋，使十字丝清晰可见；

(2) 轻轻转动望远镜，利用望远镜的准星大致瞄准一根水准尺，旋紧水平制动螺旋，缓慢调节物镜调焦螺旋，使水准尺在望远镜内成像清晰；

(3) 调节水平微动螺旋，精确瞄准水准尺，使十字丝竖丝瞄准在水准尺的尺面刻划中央，如图 2.1 所示，同时参照十字丝判断水准尺是否有倾斜现象，如果有倾斜，令司尺员调整；

(4) 眼睛在目镜附近上下左右做微小移动，检查有无视差，如果存在视差，则重新调焦予以消除。

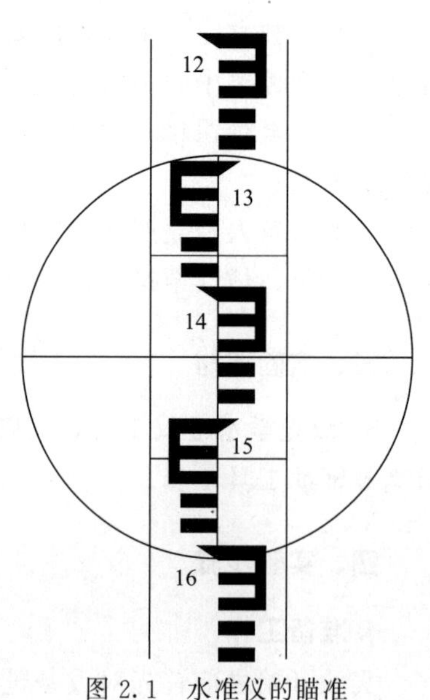

图 2.1 水准仪的瞄准

**6. 精平**

缓慢调节微倾螺旋，同时观察管水准器或符合水准器，气泡严格居中，管水准器的水准气泡应调至如图 2.2 所示的状态，符合水准器的水准气泡应调至如图 2.3 所示的状态；

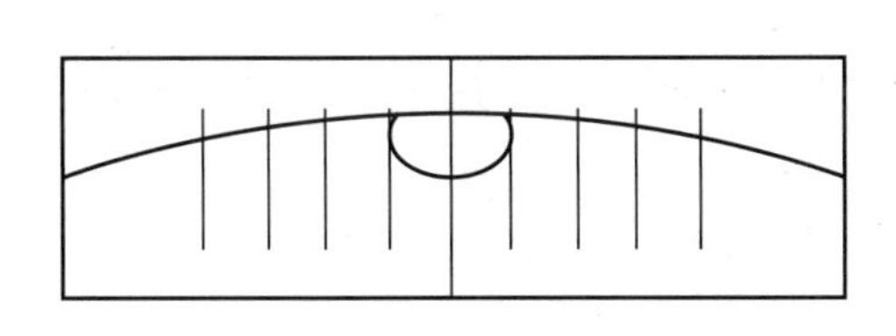

图 2.2　管水准器

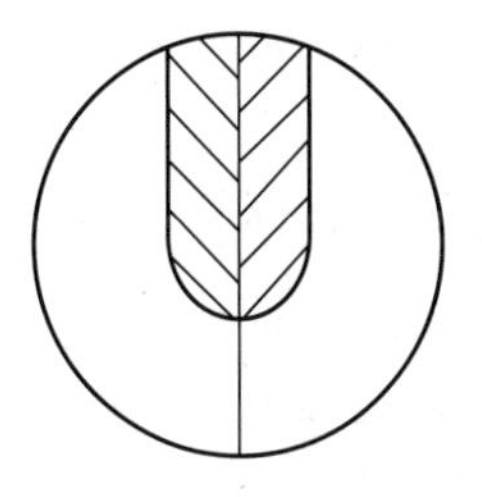

图 2.3　符合水准器

### 7. 读数与记录

精平之后，仪器不得有其他操作，应立即读数，如果调整了仪器或间隔时间较长，应重新进行精平。读数应填入水准测量记录手簿中，如表 2.1 所示。

**表 2.1　水准测量记录手簿**

测区______________　　仪器型号______________　　观测者______________

时间_____年___月___日　　天气__________________　　记录者______________

| 测站 | 点号 | 水准尺读数/m | | 高差/m | | 高程/m | 备注 |
|---|---|---|---|---|---|---|---|
| | | 后视读数 $a$ | 前视读数 $b$ | + | − | | |
| | | | | | | | |
| | | | | | | | |
| | | | | | | | |
| | | | | | | | |
| | | | | | | | |
| | | | | | | | |
| | | | | | | | |
| | | | | | | | |
| | | | | | | | |
| | | | | | | | |
| 计算检核 | | | | | | | |
| | | | | | | | |

（1）利用十字丝的中丝读取水准尺上的读数，读数时，在水准尺上精确读至厘米，并估读一位至毫米，将读数填入记录手簿的“后视读数”中；

（2）瞄准第二根水准尺，重新精平，读取第二根水准尺的读数，将读数填入记录手簿的“前视读数”中；

（3）根据后视读数与前视读数计算两点间的高差，如果已经给定已知点高程，则应同时计算待定点的高程；

（4）记录过程中，记录者应回报读数，防止读错、听错、记错；计算过程中，应注意计算检核，防止算错。

**8. 重复观测**

另外再选两个点，分别在点上放置尺垫并安置水准尺，重复步骤5～7，得到第二组观测数据。

## 五、注意事项

1. 水准仪和水准尺必须架设在土质坚实之处，注意保持三脚架稳定，水准仪和水准尺必须时刻有人看管，不能脱离人的看护；

2. 由于符合水准器（水准管）较为灵敏，所以调节微倾螺旋时要缓慢调节；

3. 精平完成后，不要对仪器有任何操作，应该直接读数，如果对仪器有操作或者间隔时间较长，则需要重新精平。

## 六、思考

1. 水准仪精平的目的是什么？

2. 水准测量的原理是什么？

3. 为什么精平之后必须直接读数？

# 实验二　水准测量的外业工作

## 一、实验目标

1. 熟悉单一水准路线的三种基本形式，即闭合水准路线、附合水准路线、支水准路线，熟悉三种单一水准路线的特点与应用范围；

2. 掌握闭合水准路线或附合水准路线外业工作的基本内容与工作流程，掌握水准点选点与标识埋设的方法与注意事项；

3. 掌握闭合水准路线或附合水准路线的外业观测方法与注意事项，熟悉转点的设置要求与尺垫的使用规则，掌握数据记录的格式；

4. 掌握闭合水准路线或附合水准路线闭合差的计算方法与限差规定，能够根据观测数据判断闭合差是否超限。

## 二、实验要求

1. 每组根据给定的已知点情况，从已知点出发布设一条包含不少于3个待定水准点的闭合水准路线或附合水准路线，并做好标识；如果没有已知点，则假定一个点为已知点 $BM1$，以此点为起点布设闭合水准路线；

2. 利用连续水准测量的方法，对闭合水准路线或附合水准路线进行施测，将观测数据按规则计入水准测量记录手簿，计算每个测站的高差，要求水准路线总测站数不得少于6个；

3. 测站检核准确无误后，计算每个测段的高差，并根据已知点高程得到闭合水准路线或附合水准路线的闭合差，按照等外水准测量的规范，以 $\pm 12\sqrt{n}$（mm）作为闭合差的限差要求，其中 $n$ 为测站数；如果超限则应重新进行外业测量工作；

4. 为了加深对实验相关内容的理解，确保熟练掌握外业观测手簿的记录与计算方法，个人应该完成实验报告中的"强化练习"，在"强化练习"中，"$a$"代表学号后三位，"$b$"代表学号后两位，"$c$"代表学号末位；

5. 实验后能够对实验进行全面的总结，对实验过程中遇到的问题与数据精度等方面进行合理的分析，得出有益的结论，为后续实验和工作做好准备。

## 三、实验器材

S3级光学水准仪1台，三脚架1个，水准尺2根，尺垫2个，记录手簿若干，记录板、铅笔等辅助工具1套。

## 四、实验步骤

### 1. 准备工作

实验开始之前首先对设备进行全面检查，如果仪器及辅助工具有任何的异常，应及时更换或交由指导教师处置，主要检查的项目包括以下几个方面：

（1）检查仪器箱外观是否有破损，检查仪器箱锁是否有效；

（2）打开仪器箱，检查箱内配件是否齐全，检查仪器外观是否完好，检查脚螺旋、制动螺旋、微动螺旋、调焦螺旋等是否有效，检查水准器是否灵敏；

（3）检查水准尺的尺面分划是否清晰，水准尺的尺身是否有弯曲、破损等影响测量精度的情况；

（4）检查三脚架是否完好，各螺丝是否有效。

### 2. 选点布网

（1）现场踏勘，找到给定的一个或两个已知点，或指定点，根据已知点的数量确定选择闭合水准路线或附合水准路线，根据点位的分布初步拟定水准路线的走向；

（2）从已知点 $BM1$ 出发，沿初步拟定的路线进行依次选定 $A$、$B$、$C$……点，要求两点之间距离不少于50m。如果布设闭合水准路线，则最终要回到起点 $BM1$；如果布设附合水准路线，则最终应该附合到另外一个已知点 $BM2$，如图2.4所示；

（3）在选定的水准点上，埋设测量标识或以其他方式在地面上标记水准点，点位尽量设于人行道上或路边，不能设于机动车道上。如果埋设临时标志点，应便于实验后取出；如果

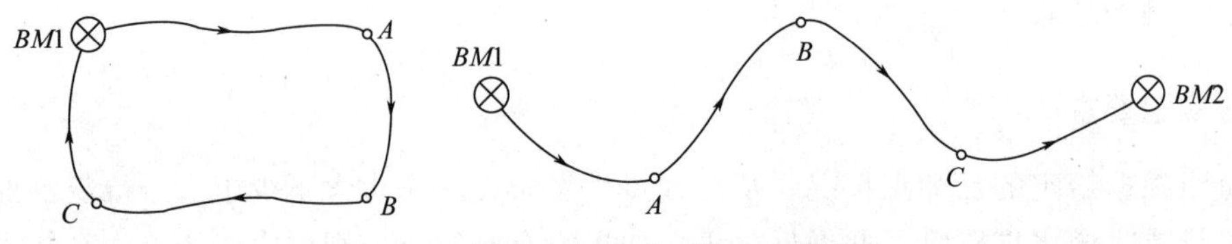


图 2.4　闭合水准路线与附合水准路线

用其他方式标记，则应便于实验后清除标记，不要影响交通和环境。

**3. 水准测量外业观测**

（1）在起点 $BM1$ 点上放置水准尺，注意在已知点和待定点上不能安放尺垫，在 $BM1$ 点和 $A$ 点之间任意位置 $TP1$ 点处放置尺垫，并在尺垫上立尺，在 $BM1$ 点和 $TP1$ 点之间大致居中的位置安置水准仪并粗平，瞄准 $BM1$ 点水准尺后精平并读数，记入第 1 个测站的“后视读数”一栏；调转望远镜，瞄准 $TP1$ 点水准尺后精平并读数，记入第 1 个测站的“前视读数”一栏，根据后视读数和前视读数计算第 1 个测站的高差观测值；

（2）保持 $TP1$ 点上尺垫的位置不动，水准尺调转方向，将 $BM1$ 点上的水准尺移至 $A$ 点（不放置尺垫），水准仪立于 $TP1$ 点和 $A$ 点之间大致居中的位置，安置并粗平，瞄准 $TP1$ 点水准尺后精平并读数，记入第 2 个测站的“后视读数”一栏；调转望远镜，瞄准 $A$ 点水准尺后精平并读数，记入第 2 个测站的“前视读数”一栏，计算第 2 个测站的高差观测值；将第 1 个测站和第 2 个测站的高差相加得到 $BM1$～$A$ 点测段的高差值 $h_{1A}$；

（3）同样方法，依次测得 $A$～$B$、$B$～$C$……各个测段的高差 $h_{AB}$、$h_{BC}$……，直至测回到起点 $BM1$ 点或另一个已知点 $BM2$ 点上，如果两点之间距离较短，也可以只设置一个测站；

（4）进行计算检核，将各测站的后视读数值求和得到 $\sum a$，各测站的前视读数值求和得到 $\sum b$，再将各测站的观测高差求和得到 $\sum h$，通过判断 $\sum a - \sum b$ 是否等于 $\sum h$ 来判断是否存在计算错误，如果发现错误应及时改正，如果没有错误则进行闭合差的计算。

**4. 高差闭合差的计算与检核**

（1）将各个测段高差观测值相加，得到水准路线起点与终点间的观测高差 $\sum h_{测}$，根据已知数据可以计算得到水准路线起点与终点间的理论高差 $\sum h_{理} = H_{终} - H_{起}$，计算水准路线的高差闭合差，即：

$$f_h = \sum h_{测} - \sum h_{理} \tag{2.1}$$

（2）根据限差标准判断高差闭合差是否超限，如果 $f_h \leqslant \pm 12\sqrt{n}$（mm），则成果符合要求，实验结束；如果 $f_h > \pm 12\sqrt{n}$（mm），则成果超限，确认无计算错误的情况下需要外业返工重测。

**5. 强化练习**

完成小组实验任务后，应根据个人学号，按照实验报告“强化练习”中记录手簿内的模拟数据，完成高差的计算、手簿的计算检核及闭合差的计算与判断。

## 五、注意事项

1. 小组成员之间应该合理分工，团结合作，共同完成小组实验任务，要确保每位组员均进行了观测、记录、司尺等工作；

2. 水准点应该选在土质坚实之处，便于埋设标石或做好标记，埋设的标识或标志不应妨碍正常交通，不能对车辆和行人构成安全隐患；其他一次性标志点或标记应标语在实验结束后进行清理，不能对环境卫生构成污染；

3. 水准路线应根据给定的已知点的情况，构成闭合水准路线或附合水准路线，应做到点位合理、路线合理；

4. 安置水准尺时，所有的已知点和待定点处不得放置尺垫，应将水准尺直接立于点的标志上，所有的转点处则必须放置尺垫，将水准尺立于尺垫上；

5. 如果闭合水准路线或附合水准路线只有 4 个测段，则测站总数不得少于 6 个；每增加 1 个测段，总测站数要增加 2 个；

6. 记录手簿应该用铅笔规范填写，如有记录错误或计算错误，不能使用橡皮等涂改工具，应将错误数字划去，在其上方填写正确数字，并在备注栏内注明错误原因；一个测站内记录错误不能超过 2 个，否则应重测此测站；同时，毫米位数字不能修改，一个测站内不允许连环涂改；一个测站由于各种原因重测时，应整体划掉该测站数据，并在备注栏内注明原因；

7. 一个测站重测时，必须变动仪器高度，重新安置仪器，重新观测；

8.“强化练习”必须确保个人独立完成，切勿抄袭。

### 六、思考

1. 为什么已知点和待定点上不能放置尺垫？

2. 闭合差是如何产生的？

3. 闭合差超限的原因主要是什么？

# 实验三　水准测量的内业计算

### 一、实验目标

1. 掌握水准测量内业计算的目的和前提，明确水准测量内业计算是要根据符合限差要求的水准测量外业观测数据和给定的已知点高程计算待定点高程；

2. 熟练掌握内业计算表格的填写方法和内业计算的流程，特别要注重高差闭合差的分配原则与分配方法；

3. 掌握水准测量内业计算过程中计算检核的项目与方法，通过各个项目的计算检核确保内业计算过程的正确性；

4. 根据内业计算的结果，结合实验二的内容，熟悉水准测量过程中的误差项目，熟悉水准测量误差产生的原因与解决方案；

5. 实验后能够对实验进行全面的总结，对实验过程中遇到的问题与数据精度等方面进行合理的分析，得出有益的结论，为后续工作做好准备。

## 二、实验要求

1. 如果实验二中存在已知点 $BM1$ 和 $BM2$，则以已知点的高程值作为内业计算的基准高程值；如果实验二中不存在已知点，则假设 $BM1$ 点高程值为 50.000m，以此作为内业计算的基准高程值；

2. 根据实验二中采集的闭合水准路线或附合水准路线外业测量数据进行内业计算，得到各个待定点的精确高程值；

3. 要能够根据外业观测数据和内业计算的结果对水准测量进行简单的误差分析；

4. 为了加深对实验相关内容的理解，确保熟练内业计算的方法，个人应该根据实验报告内实验二中的“强化练习”数据完成实验三的“强化练习”，其中，“$a$”代表学号后三位。

## 三、实验器材

实验二中闭合水准路线或附合水准路线外业观测数据 1 份，计算表格 1 份，计算器 1 个，记录板、铅笔等辅助工具 1 套。

## 四、实验步骤

1. 将闭合水准路线或附合水准路线外业观测数据，包括点号、测段高差、测段测站数等，依次填入“水准路线成果计算表”，如表 2.2 所示。

**表 2.2 水准路线成果计算表**

| 点号 | 测站数 | 观测高差/m | 改正数/mm | 改正后高差/m | 高程/m | 备注 |
|---|---|---|---|---|---|---|
| | | | | | | |
| | | | | | | |
| | | | | | | |
| | | | | | | |
| | | | | | | |
| | | | | | | |
| | | | | | | |
| 合计 | | | | | | |
| 计算检核 | | | | | | |

2. 在“辅助计算”一栏内计算高差闭合差 $f_h$，即 $f_h = \sum h_{测} - \sum h_{理}$；

3. 判断 $f_h$ 是否符合限差要求，即要求 $f_h \leqslant 12\sqrt{n}$ (mm)，如果闭合差超出限差要求，则需重新进行外业观测；

4.如果闭合差在限差范围内，则按照“与测站数成正比反符号”的原则对闭合差进行分配，得到每一个测段高差的改正数；

5.根据高差改正数，对每一个测段的高差观测值进行改正，即将每一个测段的高差观测值与高差改正数相加，得到测段改正之后的高差值；

6.根据改正后的测段高差值和已知点的高程值，计算各个待定点的高程值；

7.完成小组实验任务后，应根据个人学号，按照实验二“强化练习”中记录手簿内的模拟数据，完成内业计算，得到各点高程值。

### 五、注意事项

1.要遵守测量工作“前一步工作未做检核不得进行下一步工作”的原则，每一步计算完成之后均要进行相应的检核计算，确认计算无误后再进行下一步的计算；

2.所有的计算均以测段为单位，一个测段内有多个测站的，应该先计算测段高差；

3.“强化练习”必须确保个人独立完成，切勿抄袭。

### 六、思考

1.分配闭合差时，为什么要按照“与测站数成正比反符号”的原则进行？

2.水准测量的误差来源主要有哪些方面？应该如何去消除或减弱这些误差？

## 实验四　经纬仪的认识与使用

### 一、实验目标

1.了解J6级光学经纬仪的结构，认识经纬仪的照准部、水平度盘、竖直度盘、基座、水准器、脚螺旋、水平制动与微动螺旋、竖直制动与微动螺旋、光学对中器等各部件，熟悉其作用；能够熟悉经纬仪的盘左、盘右状态，并了解其作用；

2.认识J6级经纬仪水平度盘和竖直度盘的结构与刻划，掌握光学经纬仪的读数方法；

3.掌握J6级经纬仪的使用方法，能够按照“对中—整平—瞄准—读数”的流程进行规范的操作；

4.掌握角度测量观测手簿的记录格式与方法，能够将观测所得读数准确填入相应表格内，要求同一目标盘左盘右读数较差不大于36″；

5.实验后能够对实验进行全面的总结，对实验过程中遇到的问题与数据精度等方面进行合理的分析，得出有益的结论，为后续实验和工作做好准备。

### 二、实验要求

1.要求每人独立完成经纬仪的对中、整平、瞄准、读数等各项操作，要求对中误差不大于3mm，整平误差不大于一格；

2. 要求每人独立照准不少于三个目标，分别进行盘左盘右观测，读取水平度盘读数，并在观测手簿中记录读数；

3. 要求初步了解度盘变换手轮的功能，能够根据需要配置水平度盘；

4. 实验后能够对实验进行全面的总结，对实验过程中遇到的问题与数据精度等方面进行合理的分析，得出有益的结论，为后续实验和工作做好准备。

## 三、实验器材

J6 级光学经纬仪 1 台，三脚架 1 个，测钎 2 个，记录手簿若干，记录板、铅笔等辅助工具 1 套。

## 四、实验步骤

### 1. 准备工作

实验开始之前首先对设备进行全面检查，如果仪器及辅助工具有任何的异常，应及时更换或交由指导教师处置，主要检查的项目包括以下几个方面：

（1）检查仪器箱外观是否有破损，检查仪器箱锁是否有效；

（2）打开仪器箱，检查箱内配件是否齐全，检查仪器外观是否完好，检查脚螺旋、制动螺旋、微动螺旋、调焦螺旋、度盘变换手轮等是否有效，检查水准器是否灵敏；

（3）检查配套的测钎是否有弯曲现象或其他影响测量精度的情况；

（4）检查三脚架是否完好，各螺丝是否有效。

### 2. 安置经纬仪

（1）在地面上做好标志或指定固定点作为安置仪器的测站点，同时指定若干点作为照准点，并在照准点上安置好测钎，尽量让测钎保持竖直状态；

（2）打开三脚架，安置于指定的测站点上，调节三脚架到合适高度，固定三脚架腿，并使架头保持大致水平；

（3）双手握住仪器支架，将仪器从箱中取出，并放置于架头上，一手紧握支架扶好经纬仪，一手拧紧连接螺旋；

（4）认识经纬仪的结构，包括望远镜、水平度盘、竖直度盘、基座、圆水准器、水准管、光学对中器、水平制动螺旋、水平微动螺旋、竖直制动螺旋、竖直微动螺旋、调焦螺旋、反光镜、度盘变换手轮、准星等。

### 3. 对中

（1）调节光学对中器的目镜和物镜调焦螺旋，使光学对中器的分划板中心标识和测站点标志的影像均清晰；

（2）固定一只三脚架腿，目视光学对中器的目镜，并移动三脚架另外两只架腿，使镜中标识对准地面点，踩紧三脚架，若光学对中器的中心与地面点略有偏离，可略微松开三脚架连接螺旋，在架头上平移仪器，直至严格对中，然后拧紧连接螺旋。

### 4. 整平

（1）保持三脚架腿与地面接触的位置固定不动，松开架腿的固定螺丝，分别伸缩三脚架的三条架腿，使圆水准气泡居中，注意，每次仅可以调节一条架腿，调节时务必握住架腿，防止仪器倾倒，调节之后马上固定架腿；

（2）转动照准部，使水准管平行于任意两个脚螺旋的连线，根据水准管气泡的偏离方向，两手同时向内或向外转动这两个脚螺旋，使水准管气泡居中，注意，水准管气泡的移动方向与左手大拇指的移动方向相同；

（3）将照准部旋转 90°，使水准管与之前两个脚螺旋的连线相垂直，转动第三只脚螺旋，使水准管气泡居中；

（4）重新检查经纬仪的对中状态，如果有偏移，可以略微松开连接螺丝，在架头上平移仪器，直至严格对中，然后拧紧连接螺旋，然后再重复（2）、（3）步骤；

（5）经纬仪的对中和整平一般需要循环进行，直至对中和整平均满足要求为止。

### 5. 瞄准

（1）将经纬仪置于盘左状态；

（2）转动照准部，使望远镜对向明亮处（注意不要瞄准太阳），转动望远镜目镜调焦螺旋，使十字丝清晰可见；

（3）利用望远镜上的准星粗略瞄准测钎，使其位于望远镜视野范围内，固定水平制动螺旋和竖直制动螺旋；

（4）调节望远镜物镜调焦螺旋，使测钎在望远镜中成像清晰，眼睛微微上下左右移动，检查有无视差，如果有，重新调焦予以消除；

（5）调节水平微动螺旋和竖直微动螺旋，使测钎像被十字丝的单根竖丝平分，或被双根竖丝夹在中间，瞄准时，尽量瞄准测钎的底部。

### 6. 读数

（1）打开反光镜，调节反光镜使读数窗亮度适当，旋转读数显微镜的目镜，看清读数窗分划，区分水平度盘读数窗和竖直度盘读数窗，读取水平度盘读数；

（2）由读数显微镜内所见到的长刻划线和大号数字得到“度”的读数，以度数刻划线作为指标线在分微尺上读出“分”的准确读数，并估读至 0.1′，然后将估读的 0.1′级读数换算成“秒”的读数，最终获得“° ′ ″”形式的读数，将读数填入记录手簿，如表 2.3 所示，将读数填入与点号相对应的“盘左读数”一栏内；

（3）将经纬仪调整至盘右状态，重新瞄准同一目标并读取水平度盘读数，将读数填入记录手簿的“盘右读数”一栏内，盘右读数与盘左读数理论上应该相差 180°，如果两次读数相差大于 180°±36″，则应重新观测，反之，则完成一个目标的观测；

（4）重复上述步骤，依次瞄准另外两个目标，并进行盘左、盘右的读数，要求在每个目标开始观测前，在盘左状态配置水平度盘到任意位置。

**表 2.3　经纬仪的认识与使用记录手簿**

| 目标 | 盘左读数/(° ′ ″) | 盘右读数/(° ′ ″) | 备注 |
| --- | --- | --- | --- |
| | | | |
| | | | |
| | | | |

## 五、注意事项

1.经纬仪必须架设在土质坚实之处，注意保持三脚架稳定，经纬仪和测钎必须时刻有人看管，不能脱离人的看护；

2.对中时应使三脚架架头大致水平，否则会导致仪器整平的困难；

3.整平仪器时，三脚架三个架腿与地面接触的位置不能动，否则会导致对中出现较大偏差；

4.配置度盘之后，一定要确保弹出度盘变换手轮的旋钮，否则将导致读数错误。

## 六、思考

1.如何确定经纬仪的盘左和盘右状态？

2.瞄准时为什么要尽量瞄准测钎的底部？

# 实验五　全站仪的认识与使用

## 一、实验目标

1.了解全站仪的结构、功能，认识全站仪的照准部、水准器、水平制动与微动螺旋、竖直制动与微动螺旋、键盘、显示屏等各个部件，熟悉其作用；

2.掌握全站仪的基本操作方法，能够熟练地对全站仪进行对中、整平、参数设置等操作，对全站仪主菜单内的功能有简单的了解；

3.熟悉棱镜的使用方法，能够配合全站仪测量规范地架设棱镜；

4.能够利用全站仪准确瞄准棱镜并测量，在屏幕上准确获取水平度盘、竖直度盘、水平距离、倾斜距离等观测值；

5.掌握全站仪盘左与盘右状态的判断方法，能够正确地切换盘左与盘右状态，掌握全站仪配置水平度盘的方法。

## 二、实验要求

1.认识全站仪的结构，学会使用全站仪，每人独立完成2个测站上的全站仪的对中、整平、观测、架设棱镜等各项操作，要求对中误差不大于3mm，整平误差不大于一格；

2.每人在每个测站上独立观测不少于2个目标，即总计观测不少于4个目标，同一目标的水平度盘与竖直度盘盘左、盘右的读数较差均应不大于30″；

3.掌握全站仪水平度盘的配置方法，能够将水平度盘按照要求进行配置；

4.实验后能够对实验进行全面的总结，对实验过程中遇到的问题与数据精度等方面进行合理的分析，得出有益的结论，为后续实验和工作做好准备。

## 三、实验器材

精度不低于5″级的全站仪1台，三脚架1个，棱镜2个，棱镜杆2个，记录手簿若干，记录板、铅笔等辅助工具1套。

## 四、实验步骤

### 1. 准备工作

实验开始之前首先对设备进行全面检查与准备，如果仪器及辅助工具有任何的异常，应及时更换或交由指导教师处置，主要检查与准备的项目包括以下几个方面：

（1）检查仪器箱外观是否有破损，检查仪器箱锁是否有效；

（2）打开仪器箱，检查箱内配件是否齐全，检查全站仪和棱镜外观是否完好，检查脚螺旋、制动螺旋、微动螺旋、调焦螺旋等是否有效，检查水准器是否灵敏；

（3）检查三脚架、棱镜杆是否完好，螺丝、水准器等各部件是否有效；

（4）在实验场地内选择或布设一组测量标志点，注意确保各点间相互通视性，各点之间间距不小于20m。

### 2. 安置全站仪

（1）打开三脚架，安置于任一标志点上，调节三脚架到合适高度，固定三脚架腿，并使架头保持大致水平；在另外的任意两个点上分别架设棱镜，注意双手扶持棱镜杆，令棱镜杆上水准器的气泡居中，确保棱镜杆处于竖直状态；

（2）双手握住全站仪支架，将全站仪从箱中取出，将其置于架头上，一手紧握支架，一手拧紧连接螺旋；

（3）认识全站仪的结构，包括望远镜、水平度盘、竖直度盘、基座、圆水准器、水准管、光学（电子）对中器、水平制动与微动螺旋、竖直制动与微动螺旋、调焦螺旋、屏幕、键盘等；

（4）将电池按照正确方向装入全站仪，开机，熟悉全站仪的菜单与按键。

### 3. 对中

（1）对于采用光学对中的全站仪，调节光学对中器的目镜和物镜调焦螺旋，使光学对中器的分划板中心标识和测站点标志的影像均清晰；对于电子对中全站仪，则打开电子对中装置，使地面上能够清晰呈现电子对中光点；

（2）固定一只三脚架腿，目视光学对中器的目镜或观察电子对中光点，并移动三脚架另外两只架腿，使光学对中器镜中标识或电子对中光点对准地面点，踩紧三脚架。若光学对中器的中心与地面点略有偏离，可略微松开三脚架连接螺旋，在架头上平移仪器，直至严格对中，然后拧紧连接螺旋。

### 4. 整平

（1）调整圆水准器气泡，保持三脚架腿与地面接触的位置固定不动，松开架腿的固定螺丝，分别伸缩三脚架的三条架腿，使圆水准气泡居中，注意，每次仅可以调节一条架腿，调节时务必握住架腿，防止仪器倾倒，调节之后马上固定架腿；

（2）对于光学对中全站仪，转动照准部，使水准管平行于任意两个脚螺旋的连线，根据水准管气泡的偏离方向，两手同时向内或向外转动这两个脚螺旋，使水准管气泡居中；将照准部旋转 90°，使水准管与之前两个脚螺旋的连线相垂直，转动第三只脚螺旋，使水准管气泡居中；

（3）对于电子对中全站仪，打开电子水准气泡，根据电子气泡偏移的位置，按照步骤（2）中的方法调整，使电子水准气泡严格居中；

（4）重新检查全站仪的对中状态，如果有偏移，可以略微松开连接螺丝，在架头上平移仪器，直至严格对中，然后拧紧连接螺旋，然后再重复（2）或（3）步骤；

（5）全站仪的对中和整平一般需要循环进行，直至对中和整平均满足要求为止。

### 5. 瞄准与观测

（1）将全站仪置于盘左状态，转动照准部，使望远镜对向明亮处（注意不要瞄准太阳），转动望远镜目镜调焦螺旋，使十字丝清晰可见；

（2）利用望远镜上的准星粗略瞄准测钎，使其位于望远镜视野范围内，固定水平制动螺旋和竖直制动螺旋；调节望远镜物镜调焦螺旋，使测钎在望远镜中成像清晰，眼睛微微上下左右移动，检查有无视差，如果有，重新调焦予以消除；

（3）精确瞄准一个目标点上的棱镜中心，读取屏幕上的“HR”，即水平度盘读数，填入记录手簿中的盘左“水平度盘读数”一栏；读取屏幕上的“VR”，即竖直度盘读数，填入记录手簿中的盘左“竖直度盘读数”一栏；按下测距按键，分别读取水平距离值和倾斜距离值，对应填入记录手簿中的相应位置；记录手簿如表 2.4 所示；

**表 2.4　全站仪的认识与使用记录手簿**

| 测站 | 目标 | 盘 | 水平度盘读数/(°　′　″) | 竖直度盘读数/(°　′　″) | 水平距离/m | 倾斜距离/m | 备注 |
|---|---|---|---|---|---|---|---|
| | | 左 | | | | | |
| | | 右 | | | | | |
| | | 左 | | | | | |
| | | 右 | | | | | |
| | | 左 | | | | | |
| | | 右 | | | | | |
| | | 左 | | | | | |
| | | 右 | | | | | |

（4）将全站仪调整至盘右状态，重新瞄准同一目标上的棱镜中心，并依次读取水平度盘读数、竖直度盘读数、水平距离值、倾斜距离值等，对应填入记录手簿中的相应位置，水平度盘的盘右读数和竖直度盘的盘右读数与盘左读数理论上应该相差 180°，如果两次读数相差大于 180°±30″，则应重新观测，反之，则完成一个目标的观测；

（5）重复上述步骤，依次完成另外三个目标的测量，要求在每个目标开始观测前，在盘左状态配置水平度盘到任意位置。

## 五、注意事项

1.全站仪必须架设在土质坚实之处，注意保持三脚架稳定，全站仪和棱镜必须时刻有人看管，不能脱离人的看护；

2.对中时应使三脚架架头大致水平，否则会增大整平仪器的难度；

3.整平仪器时，三脚架三个架腿与地面接触的位置不能动，否则会导致对中出现较大偏差；

4.全站仪使用完毕后，必须关机后将电池取出，放入仪器箱内或交由实验室管理员进行充电；

5.控制点应该选在土质坚实之处，相邻点间必须要确保相互通视；

6.每人至少完成一个完整测回的观测、记录与计算。

## 六、思考

1.全站仪的操作与经纬仪的操作有哪些相同点和不同点？

2.水平距离和倾斜距离有何区别？

# 实验六　测回法观测水平角

## 一、实验目标

1.熟悉测回法观测水平角的观测流程，并了解测回法测水平角的特点与适用范围；

2.掌握测回法观测手簿的记录格式与计算过程，能够根据外业观测值计算水平角最终成果；

3.熟悉测回法测水平角的限差项目，并能够根据观测成果判断是否超限。

## 二、实验要求

1.每个实验小组根据给定的或假定的测站点和目标点，利用测回法进行水平角测量，要求观测不少于 2 个测回；

2.理解配置水平度盘位置的原因与目的，掌握不同仪器配置水平度盘的方法，各测回间需要将水平度盘的位置改变 $180°/n$；

3.根据选用的仪器类型采用光学对中法或电子对中法进行对中，要求光学对中的误差不大于 3mm，电子对中的误差不大于 2mm；要求上、下半测回角值互差不得超过 $\pm 30''$，同一角度各测回角值差不得大于 $\pm 30''$；

4.为了加深对实验相关内容的理解，确保熟练掌握测回法测水平角的内业计算方法，个人应该完成实验报告中的“强化练习”，在“强化练习”中，“$b$”代表学号后两位；

5.实验后能够对实验进行全面的总结，对实验过程中遇到的问题与数据精度等方面进行合理的分析，得出有益的结论，为后续实验和工作做好准备。

## 三、实验器材

J6 级光学经纬仪 1 台（或全站仪 1 台），三脚架 1 个，测钎 2 个（或棱镜 2 个、棱镜杆 2 个），记录手簿若干，记录板、铅笔等辅助工具 1 套。

## 四、实验步骤

### 1. 准备工作

实验开始之前首先对设备进行全面检查，如果仪器及辅助工具有任何的异常，应及时更换或交由指导教师处置，主要检查的项目与实验四或实验五相同。

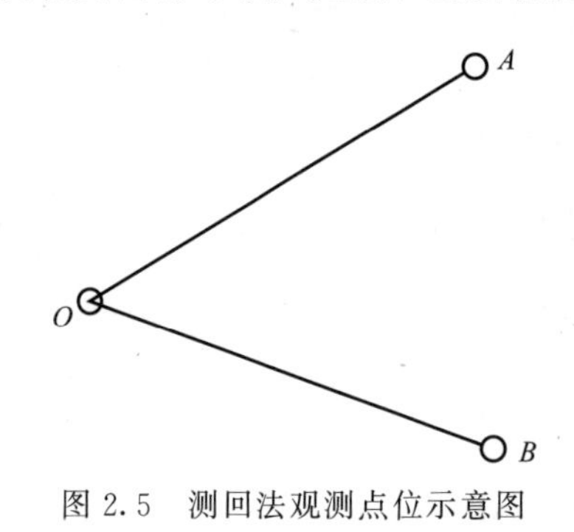

图 2.5　测回法观测点位示意图

除了仪器检查之外，还应在地面上做好标志点或指定固定点 $O$ 作为安置仪器的测站点，同时指定距离大致相等的两个点 $A$ 和 $B$ 作为照准点，如图 2.5 所示，在照准点上安置好测钎或棱镜，并使测钎或棱镜保持竖直状态。

### 2. 安置仪器

（1）打开三脚架，安置于指定的测站点 $O$ 点上，调节三脚架到合适高度，固定三脚架腿，并使架头保持大致水平；

（2）双手握住仪器支架，将仪器从箱中取出，将经纬仪或全站仪置于架头上，一手紧握支架，一手拧紧连接螺旋；

（3）对经纬仪或全站仪进行严格的对中和整平，并对望远镜目镜进行调焦，确保十字丝清晰，无视差。

### 3. 观测

（1）经纬仪或全站仪置于盘左状态，精确瞄准目标 $A$ 上的测钎底部或棱镜中心，固定水平制动螺旋和竖直制动螺旋，将水平度盘读数置为 $0°00'00''$附近，读取水平度盘读数 $a_{左}$，将其填入观测手簿中，手簿如表 2.5 所示；

**表 2.5　测回法观测手簿**

| 测站 | 竖盘位置 | 目标 | 水平度盘读数/(° ′ ″) | 半测回角值/(° ′ ″) | 一测回角值/(° ′ ″) | 各测回平均角值/(° ′ ″) | 备注 |
|---|---|---|---|---|---|---|---|
|  | 左 |  |  |  |  |  |  |
|  |  |  |  |  |  |  |  |
|  | 右 |  |  |  |  |  |  |
|  |  |  |  |  |  |  |  |
|  | 左 |  |  |  |  |  |  |
|  |  |  |  |  |  |  |  |
|  | 右 |  |  |  |  |  |  |
|  |  |  |  |  |  |  |  |

（2）保持盘左状态，顺时针旋转照准部，精确瞄准目标 $B$，固定水平制动螺旋和竖直制动螺旋，读取水平度盘读数 $b_{左}$，将其填入观测手簿中；

（3）倒转望远镜，将经纬仪或全站仪置于盘右状态，再次瞄准目标 $B$，固定水平制动螺旋和竖直制动螺旋，读取水平度盘读数 $b_{右}$，将其填入观测手簿中；

（4）保持盘右状态，顺时针旋转照准部，瞄准目标 $A$，固定水平制动螺旋和竖直制动螺旋，读取水平度盘读数 $a_{右}$，将其填入观测手簿中，完成第一测回观测；

（5）检查经纬仪或全站仪的对中与整平状态，如有偏差应重新调整，在确认对中整平准确无误后开始第二测回观测。倒转望远镜，将经纬仪或全站仪重新置于盘左状态，精确瞄准目标 $A$；固定水平制动螺旋和竖直制动螺旋，将水平度盘读数改变 $180°/n$，读取水平度盘读数并填入观测手簿中；

（6）重复步骤（2）～（5），完成所有测回的观测。

### 4. 计算

根据测回法观测手簿的计算方法，完成观测手簿内所有测回数据的计算，并检核限差项目是否超限，如果超限，则重新观测。

### 5. 限差

（1）上、下半测回角值互差不得超过 $\pm 30''$；

（2）同一角度各测回角值差不得大于 $\pm 30''$。

### 6. 强化练习

完成小组实验任务后，应根据个人学号，按照实验报告“强化练习”中记录手簿内的模拟数据，完成测回法测水平角观测手簿的计算。

## 五、注意事项

1. 小组成员之间应该合理分工，团结合作，共同完成小组实验任务，要确保每位组员均进行了观测、记录、司镜等工作；

2. 测站点应该选在土质坚实之处，便于埋设标石或做好标记，埋设的标识或标志不应妨碍正常交通，不能对车辆和行人造成安全隐患；其他一次性标志点或标记应在实验结束后进行清理，不能对环境卫生造成污染；

3. 照准点应与测站点保持必要的距离，并且要确保照准点与测站点通视；

4. 记录手簿应该用铅笔规范填写，如有记录错误或计算错误，不能使用橡皮等涂改工具，应将错误数字划去，在其上方填写正确数字，并在备注栏内注明错误原因；一个测站内记录错误不能超过 2 个，否则应重测此测站；同时，秒位数字不能修改，一个测站内不允许连环涂改；一个测站由于各种原因重测时，应整体划掉该测站数据，并在备注栏内注明原因；

5. 一个测站重测时，必须变动仪器高度，重新安置仪器，重新观测；

6. “强化练习”必须确保个人独立完成，切勿抄袭。

## 六、思考

1. 测回法观测水平角时为什么要进行盘左盘右观测？

2. 不同测回之间为什么要调整水平度盘位置？

# 实验七　方向观测法观测水平方向

## 一、实验目标

1. 熟悉方向观测法观测水平方向的观测流程，并了解方向观测法观测水平方向的特点与适用范围，熟悉方向观测法与测回法的区别；

2. 掌握方向观测法观测手簿的记录格式与计算过程，能根据外业观测值计算各目标的水平方向值最终成果；

3. 熟悉方向观测法观测水平方向的限差项目，并能够根据观测成果判断观测成果是否超限。

## 二、实验要求

1. 每个实验小组根据给定的或假定的 1 个测站点和不少于 3 个目标点，利用方向观测法进行水平方向测量，要求观测不少于 2 个测回；

2. 各测回间需要将水平度盘的位置改变 $180°/n$；

3. 根据选用的仪器类型采用光学对中法或电子对中法进行对中，要求光学对中的误差不大于 3mm，电子对中的误差不大于 2mm；要求上、下半测回角值互差不得超过 $\pm 30''$，同一角度各测回角值差不得大于 $\pm 30''$；

4. 实验后能够对实验进行全面的总结，对实验过程中遇到的问题与数据精度等方面进行合理的分析，得出有益的结论，为后续实验和工作做好准备。

## 三、实验器材

J6 级光学经纬仪 1 台（或全站仪 1 台），三脚架 1 个，测钎 3 个（或棱镜 3 个、棱镜杆 3 个），记录手簿若干，记录板、铅笔等辅助工具 1 套。

## 四、实验步骤

### 1. 准备工作

实验开始之前首先对设备进行全面检查，如果仪器及辅助工具有任何的异常，应及时更换或交由指导教师处置，主要检查的项目与实验四或实验五相同。

除了仪器检查之外，还应在地面上做好标志点或指定固定点 $O$ 作为安置仪器的测站点，同时指定距离大致相等的三个点 $A$、$B$、$C$ 点作为照准点，如图 2.6 所示，在照准点上安置好测钎或棱镜，并

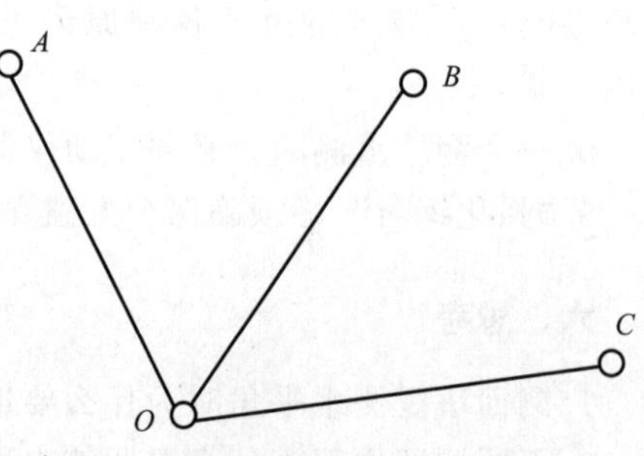

图 2.6　方向观测法观测点位示意图

使测钎或棱镜保持竖直状态。

### 2. 安置仪器

（1）打开三脚架，安置于指定的测站点 $O$ 点上，调节三脚架到合适高度，固定三脚架腿，并使架头保持大致水平；

（2）双手握住仪器支架，将仪器从箱中取出，将经纬仪或全站仪置于架头上，一手紧握支架，一手拧紧连接螺旋；

（3）对经纬仪或全站仪进行严格的对中和整平，并对望远镜目镜进行调焦，确保十字丝清晰，无视差。

### 3. 观测与计算

（1）经纬仪或全站仪置于盘左状态，将 $A$ 方向设为零方向，精确瞄准目标 $A$ 上的测钎底部或棱镜中心，固定水平制动螺旋和竖直制动螺旋，将水平度盘读数置为 0°00′00″附近，读取水平度盘读数 $a_{左}$，将其填入观测手簿中，手簿如表 2.6 所示；

**表 2.6　方向观测法观测手簿**

| 测回 | 测站 | 目标 | 水平度盘读数 | | 2c/(″) | 平均读数/(°　′　″) | 归零方向值/(°　′　″) | 各测回平均方向/(°　′　″) | 备注 |
|---|---|---|---|---|---|---|---|---|---|
| | | | 盘左/(°　′　″) | 盘右/(°　′　″) | | | | | |
| | | | | | | | | | |
| | | | | | | | | | |
| | | | | | | | | | |
| | | | | | | | | | |
| | | | | | | | | | |
| | | | | | | | | | |
| | | | | | | | | | |
| | | | | | | | | | |
| | | | | | | | | | |
| | | | | | | | | | |

（2）保持盘左状态，顺时针旋转照准部，精确瞄准目标 $B$，固定水平制动螺旋和竖直制动螺旋，读取水平度盘读数 $b_{左}$，将其填入观测手簿中；

（3）继续顺时针旋转仪器照准部，按照同样方法依次观测其余目标，读取水平度盘读数 $c_{左}$……，最后盘左再次照准零方向 $A$，并得到读数 $a'_{左}$，将读数填入观测手簿中，完成上半测回观测，对比 $a_{左}$ 和 $a'_{左}$ 判断上半测回归零差是否超限，如果超限则重测上半测回；

（4）倒转望远镜，将经纬仪或全站仪置于盘右状态，再次瞄准目标 $A$，固定水平制动螺旋和竖直制动螺旋，读取水平度盘读数 $a_{右}$，将其填入观测手簿中；

（5）逆时针旋转仪器照准部，依次照准所有目标并读取水平度盘读数 $a_{右}$……$c_{右}$、$b_{右}$，直至再次照准零方向 $A$，并得到读数 $a'_{右}$，将读数填入观测手簿中，完成下半测回观测，对比 $a_{右}$ 和 $a'_{右}$ 判断下半测回归零差是否超限，如果超限则重测整个测回；

（6）完成第一测回观测手簿的计算，并判断 2c 互差是否超限，如果超限则重测第一测回；

（7）检查经纬仪或全站仪的对中与整平状态，如有偏差应重新调整，在确认对中整平准确无误后开始第二测回观测，倒转望远镜，将经纬仪或全站仪重新置于盘左状态，精确瞄准零方向 $A$；固定水平制动螺旋和竖直制动螺旋，将水平度盘读数改变 $180°/n$，读取水平度盘读数并填入观测手簿中；

(8) 重复步骤 (1) ～ (6)，直至完成所有测回的观测，判断同一方向各测回互差是否超限，如果超限应重测全部测回。

**4. 限差**

(1) 半测回归零差不得超过 $\pm 24''$；

(2) 一测回内 2c 互差不得超过 $\pm 18''$；

(3) 同一方向各测回互差不得超过 $\pm 24''$。

### 五、注意事项

1. 小组成员之间应该合理分工，团结合作，共同完成小组实验任务，要确保每位组员均进行了观测、记录、司镜等工作；

2. 测站点应该选在土质坚实之处，便于埋设标石或做好标记，埋设的标识或标志不应妨碍正常交通，不能对车辆和行人造成安全隐患；其他一次性标志点或标记应在实验结束后进行清理，不能对环境卫生造成污染；

3. 照准点应与测站点保持必要的距离，并且要确保照准点与测站点通视；

4. 记录手簿应该用铅笔规范填写，如有记录错误或计算错误，不能使用橡皮等涂改工具，应将错误数字划去，在其上方填写正确数字，并在备注栏内注明错误原因；一个测站内记录错误不能超过 2 个，否则应重测此测站；同时，秒位数字不能修改，一个测站内不允许连环涂改；一个测站由于各种原因重测时，应整体划掉该测站数据，并在备注栏内注明原因；

5. 一个测站重测时，必须变动仪器高度，重新安置仪器，重新观测。

### 六、思考

1. 方向观测法与测回法有何区别？

2. 限差“2c 互差”如何判断是否超限？为何要对不同方向的 2c 值进行互差的判断？

## 实验八　竖直角的观测与指标差的计算

### 一、实验目标

1. 熟悉竖直角的定义与特点，明确竖直角与水平角的区别，了解竖直角的取值范围以及角值的正负所代表的意义；

2. 熟悉经纬仪或全站仪竖直度盘的构造和特点；

3. 掌握竖直角的观测原理和观测流程，掌握竖直角观测手簿的记录方法和计算方法；

4. 了解竖直度盘指标差的产生原因和计算方法，能够根据竖直角的外业观测数据计算经纬仪或全站仪的竖直度盘指标差。

## 二、实验要求

1. 每个实验小组根据给定的或假定的测站点和目标点，进行竖直角测量，要求至少观测两个目标的竖直角；

2. 将外业观测数据规范地填入竖直角观测手簿，并准确计算竖直角角值和经纬仪或全站仪的竖直度盘指标差；

3. 要求同一台仪器对各个目标所测得的竖直度盘指标差互差不得超过±30″；

4. 为了加深对实验相关内容的理解，确保熟练掌握竖直角观测的内业计算方法，个人应该完成实验报告中的"强化练习"，在"强化练习"中，"$b$"代表学号后两位；

5. 实验后能够对实验进行全面的总结，对实验过程中遇到的问题与数据精度等方面进行合理的分析，得出有益的结论，为后续工作做好准备。

## 三、实验器材

J6 级光学经纬仪 1 台（或全站仪 1 台），三脚架 1 个，测钎 2 个（或棱镜 2 个、棱镜杆 2 个），记录手簿若干，记录板、铅笔等辅助工具 1 套。

## 四、实验步骤

### 1. 准备工作

实验开始之前首先对设备进行全面检查，如果仪器及辅助工具有任何的异常，应及时更换或交由指导教师处置，主要检查的项目与实验四或实验五相同。

除了仪器检查之外，还应在地面上做好标志点或指定固定点 $O$ 作为安置仪器的测站点，同时指定不等高的两个点 $A$ 和 $B$ 作为照准点，如图 2.7 所示，在照准点上做好标记或安置棱镜，并使标记清晰可见或棱镜保持竖直状态。

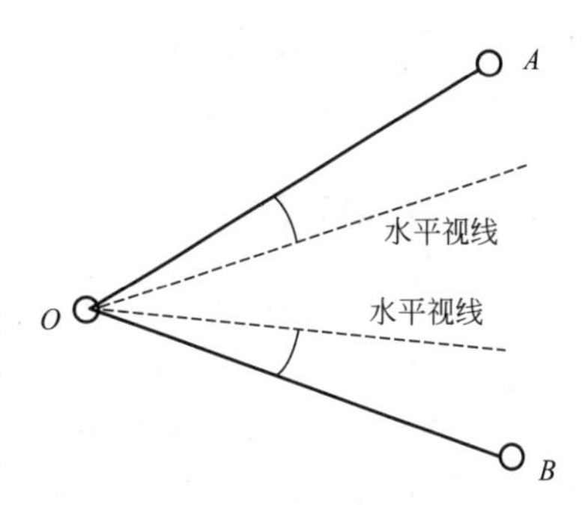


图 2.7 竖直角观测点位示意图

### 2. 安置仪器

（1）打开三脚架，安置于指定的测站点上，调节三脚架到合适高度，固定三脚架腿，并使架头保持大致水平；

（2）双手握住仪器支架，将仪器从箱中取出，将经纬仪或全站仪置于架头上，一手紧握支架，一手拧紧连接螺旋；

（3）对经纬仪或全站仪进行严格的对中和整平，并对望远镜目镜进行调焦，确保十字丝清晰，无视差。

### 3. 观测与计算

（1）如果使用经纬仪，则首先打开竖盘指标补偿器，或调节竖盘指标水准管，使水准气泡居中；

（2）将经纬仪或全站仪置于盘左状态，用十字丝中心瞄准 $A$ 点上的测量标志或棱镜中心，读取竖盘的盘左读数 $L$ ，记入观测手簿并计算出竖直角 $\alpha_{左}$，即 $\alpha_{左}=90°-L$ ，手簿如表 2.7 所示；

**表 2.7　竖直角观测手簿**

| 测站 | 目标 | 竖盘位置 | 竖盘读数/(° ′ ″) | 半测回竖直角/(° ′ ″) | 指标差/(″) | 一测回竖直角/(° ′ ″) | 备注 |
|---|---|---|---|---|---|---|---|
| | | 左 | | | | | |
| | | 右 | | | | | |
| | | 左 | | | | | |
| | | 右 | | | | | |

（3）调转望远镜，将经纬仪或全站仪置于盘右状态，同样方法瞄准 $A$ 点，读取竖盘的盘右读数 $R$ ，记入观测手簿并计算出竖直角 $\alpha_{右}$，即 $\alpha_{右}=R-270°$；

（4）计算 $OA$ 方向竖直角的平均值 $\alpha_{OA}$ ，即 $\alpha_{OA}=\frac{1}{2}(\alpha_{左}+\alpha_{右})=\frac{1}{2}(R-L-180°)$ ，将其填入“一测回竖直角”一栏内；

（5）计算竖盘指标差 $x$，即 $x=\frac{1}{2}(\alpha_{左}-\alpha_{右})=\frac{1}{2}(R+L-360°)$ ，将其填入“指标差”一栏内；

（6）将经纬仪或全站仪调整至盘左状态，照准 $B$ 点，重复步骤（2）～（5），测得 $OB$ 方向竖直角和竖盘指标差。

## 五、注意事项

1.小组成员之间应该合理分工，团结合作，共同完成小组实验任务，要确保每位组员均进行了观测、记录、司镜等工作；

2.测站点应该选在土质坚实之处，便于埋设标石或做好标记，埋设的标识或标志不应妨碍正常交通，不能对车辆和行人构成安全隐患；其他一次性标志点或标记应标语在实验结束后进行清理，不能对环境卫生构成污染；

3.记录手簿应该用铅笔规范填写，如有记录错误或计算错误，不能使用橡皮等涂改工具，应将错误数字划去，在其上方填写正确数字，并在备注栏内注明错误原因；一个测站内记录错误不能超过 2 个，否则应重测此测站；同时，秒位数字不能修改，一个测站内不允许连环涂改；一个测站由于各种原因重测时，应整体划掉该测站数据，并在备注栏内注明原因；

4.如果利用经纬仪进行竖直角观测时，一定要将竖盘指标补偿器置于打开状态，或者调节竖盘指标水准管，使水准气泡严格居中，观测结束后要将竖盘指标补偿器置于关闭状态之后再收入仪器箱中；

5.对同一目标进行盘左、盘右观测时，一定要确保瞄准同一位置，而且要用经纬仪或全站仪的十字丝中心或横丝来瞄准；

6.“强化练习”必须确保个人独立完成，切勿抄袭。

## 六、思考

1. 竖盘指标补偿器起到了什么作用？

2. 对同一方向的竖直角进行多测回观测时，是否需要配置度盘？为什么？

# 实验九　GNSS 施工放样

## 一、实验目标

1. 熟悉 GNSS-RTK 系统的构造和特点；

2. 掌握施工放样的原理和流程，掌握点坐标放样观测手簿的记录方法和计算方法；

3. 掌握基准位置的选择、架设及有关参数的输入和设置，能够根据手簿相关数据提示，寻找放样坐标点，并进行坐标测量，计算放样误差。

## 二、实验要求

1. 每个实验小组根据手簿相关数据（教师提前设置已知点）提示，寻找放样坐标点，并进行坐标测量；

2. 在放样记录表中记录放样坐标，计算放样误差，并绘制放样点所在位置草图；

3. 要求同一台仪器放样坐标误差在 3cm 范围内；

4. 实验后能够对实验进行全面的总结，对实验过程中遇到的问题与数据精度等方面进行合理的分析，得出有益的结论，为后续工作做好准备。

## 三、实验器材

三脚架 1 个，基座 1 个，基准站 1 台，移动站 1 台，记录手簿若干，记录板、铅笔等辅助工具 1 套。

## 四、实验步骤

### 1. 准备工作

实验开始之前首先对设备进行全面检查，如果仪器及辅助工具有任何的异常，应及时更换或交由指导教师处置，主要检查的项目包括：

（1）检查仪器箱外观是否有破损，检查仪器箱锁是否有效；

（2）打开仪器箱，检查箱内配件是否齐全，检查 RTK 外观是否完好，手簿是否能够与 RTK 连接成功；

（3）检查三脚架是否完好，螺丝等各部件是否有效。

### 2. 安置仪器

（1）架头水平，并将架腿踩实，将基座安置在三脚架上，将基座的圆水准气泡调至圆水准器中间，将基准站机头架设在基座上；

（2）将移动站与支架连接。

### 3. 观测与计算

（1）连接手簿与基准站：将手簿与基准站连接，设置基站通道；

（2）连接手簿与移动站：将手簿与移动站连接，建立工程文件，设置相关参数，并将移动站与基准站相连接；

（3）GNSS 施工放样：

① 根据已知控制点，在手簿中校正向导项目中输入控制点坐标，校对控制点坐标后进行施工放样；

② 根据图纸上相关放样点的坐标，在实地进行施工放样；

③ 手簿中选择放样功能，并输入需放样的点坐标；

④ 根据手簿相关数据提示，寻找放样坐标点，并进行坐标测量；

⑤ 在放样记录表中记录放样坐标，计算放样误差。

## 五、注意事项

1. 小组成员之间应该合理分工，团结合作，共同完成小组实验任务，要确保每位组员均进行了观测、记录、手簿操作、放样等工作；

2. 记录手簿应该用铅笔规范填写，如有记录错误或计算错误，不能使用橡皮等涂改工具，应将错误数字划去，在其上方填写正确数字，并在备注栏内注明错误原因；一个测站由于各种原因重测时，应整体划掉该测站数据，并在备注栏内注明原因。

## 六、思考

1. GPS-RTK 的工作原理是什么？

2. 基准站的作用是什么？请谈谈基准站和移动站的异同。

# 第三部分 《土木工程测量》实习指导

实习环节或实训环节是“土木工程测量”课程教学的重要辅助环节，是在理论教学和测量实验环节完成的基础之上进行的教学内容，通过实习或实训可以将课堂所学理论知识及零散进行的实验内容系统性地串联在一起，形成完整的知识体系，通过模拟生产实践任务使学生将理论与实践相结合，促进学生对测量的基准与原则、水准测量、角度测量、距离测量、导线测量、大比例尺地形图测绘等基础知识的理解与吸收，真正做到学以致用。

## 一、实习目标

1. 通过实习真正理解测量工作的基本原则，即“从整体到局部，先控制后碎部，前一步工作未做检核不得进行下一步工作”，并能按照此原则进行实习相关的工作，养成良好的工作习惯。

2. 通过实习使学生全面掌握水准仪、经纬仪、全站仪、GNSS 等测量仪器的使用方法和相关工作的作业流程，为今后解决实际工程问题打下坚实的基础。

3. 通过水准网和导线网的布设，了解控制点选点与埋设的流程与注意事项，能够根据测区的情况和任务的要求布设合适的平面控制网与高程控制网。

4. 通过对水准网和导线网的外业观测和内业计算，掌握水准网和导线网在观测过程中的流程、方法与技术要求，掌握相关的限差要求，能够根据观测值判断是否超限，并对符合精度要求的成果进行数据处理获取精确的高程值或平面坐标值。

5. 通过大比例尺地形图的测绘，加深对地形图基本知识的理解，掌握利用全站仪、GNSS 等仪器设备进行数字化测图的流程与方法，熟悉软件操作，并能够绘制地形图，最终达到熟练识别与应用大比例尺地形图的目的。

6. 实习以小组为单位，实行组长负责制，既要培养学生独立工作的实践能力，还要重点培养学生的团队合作精神，并锻炼学生的组织协调能力。

## 二、实习任务

充分考虑不同专业的人才培养目标，按照“土木工程测量”及其实习的教学大纲和课程目标的要求，测量实习或实训的主要任务可以从以下几个方面有针对性地进行选择。

### 1. 等外水准测量

在指定的实习区域内，从测区内的已知水准点或假定的水准点出发，围绕测区布设一条闭合水准路线，要求待定水准点不少于 5 个，水准路线总长度不少于 600m，按照等外水准测量的要求，利用 S3 级水准仪进行外业测量，经检核，成果符合限差要求后，对观测数据进行内业计算，根据已知点或假定点的高程计算各待定点的精确高程值。

### 2. 闭合导线测量

在指定的实习区域内，从测区内两个相互通视的已知点或一个假定的已知点出发，围绕测区布设一条闭合导线，如果条件允许，也可以布设附合导线，要求待定导线点不少于 5 个，应尽量与水准点点位相同，导线边总长度不少于 600m，按照图根导线的要求利用全站仪或经纬仪配合钢尺的方式进行外业测量，经检核，成果符合限差要求后，对观测数据进行内业计算，根据已知点或假定点的坐标值计算各点精确的坐标值。

### 3. 大比例尺地形图的测绘

在指定的实习区域内，将水准测量和导线测量的成果作为高程控制测量和平面控制测量的成果，依据其进行 1∶500 大比例尺地形图的测绘，要求利用全站仪或 GNSS 接收机采集测区内的建筑物、道路设施、市政设施、土质植被、水系等主要地物的特征点，并采集地貌信息，利用 CASS 或其他数字化成图软件绘制地形图。

## 三、实习内容与步骤

### 1. 准备工作

实习开始前，每个实习小组需要根据实习的任务要求准备仪器设备，等外水准测量部分的仪器及工具主要包括 S3 级水准仪 1 台、水准塔尺 2 个、三脚架 1 个、尺垫 2 个、水准测量外业观测手簿和内业计算表格若干；闭合导线测量部分的仪器及工具主要包括全站仪 1 台及配套的棱镜和棱镜杆 2 套或经纬仪 1 台及配套的测钎 2 个和钢尺 1 把、三脚架 1 个、导线测量外业观测手簿和内业计算表格若干；大比例尺地形图测绘部分的仪器及工具主要包括全站仪 1 台及配套的棱镜和棱镜杆 2 套或 GNSS 接收机 1 套、三脚架 1 个、卷尺 1 个、安装有数字测图软件的计算机 1 台、数据线 1 根。

领取仪器后对仪器设备进行全面检查，如果仪器及辅助工具有任何的异常，应及时更换或交由指导教师处置，主要检查的项目包括以下几个方面：

（1）检查仪器箱外观是否有破损，检查仪器箱锁是否有效。

（2）打开仪器箱，检查箱内配件是否齐全，检查仪器外观是否完好，检查仪器的各个螺旋是否有效，检查水准器是否灵敏、光学对中装置是否有效。

（3）对于全站仪、GNSS 接收机等电子仪器，应另外检查电池接触是否良好、屏幕或手簿是否正常显示、电子气泡与电子对中装置是否有效等。

（4）检查水准尺、棱镜、棱镜杆、钢尺等辅助材料工具的分划是否清晰、是否有弯曲、破损等影响测量精度的情况。

（5）检查三脚架是否完好，各螺丝是否有效。

### 2. 等外水准测量

（1）选点与布网

了解测区的地形与地貌，对测区有详细的了解，从已知点或假定已知点出发，沿道路选定不少于 5 个水准点做好标志，并回到已知点上，构成闭合水准路线，水准路线总长度要确保不少于 600m；如果导线点与水准点相同，则相邻水准点间应确保通视；水准点应选在土质坚实、视野开阔、便于保存标志和安置仪器之处，为了确保安全，应将点位设于人行道或马路边，不要妨碍行人、车辆的正常通行。

如果有已知水准点，则利用该水准点的已知高程值作为起算数据；如果没有已知点，则可假设任意一个水准点高程已知，假设其高程值为 50.000m。

（2）外业观测

从已知点或任意待定点出发，按照实验二中连续水准测量的方法测定各个测段的高差，观测时应注意以下问题：

① 根据测段长度适当设置转点，为了便于观测，可以将视距长度设置在 20～50m 之间，同时前后视距差要尽量小。

② 已知点和待定点上不能安放尺垫，确保水准尺直接立于水准点上；在转点上必须安放尺垫，同时要确保相邻的两个测站均完成测量后方可移动尺垫；如果在观测过程中因意外使尺垫的位置发生变化，则应重测当前测段。

③ 每一测站必须确保读数、记录全部完成，且准确无误后方可搬迁测站，移动后视水准尺至下一测站，但前视水准尺应留在原地。

④ 全部测段观测完成后，应根据观测成果计算水准路线的闭合差 $f_h$，当 $|f_h| \leqslant \pm 12\sqrt{n}$（mm）时，外业观测成果符合限差要求，可以进行内业计算，反之则应返工重测。

⑤ 记录手簿应该用铅笔规范填写，如有记录错误或计算错误，不能使用橡皮等涂改工具，应将错误数字划去，在其上方填写正确数字，并在备注栏内注明错误原因；一个测站内记录错误不能超过 2 个，否则应重测此测站；同时，毫米位数字不能修改，一个测站内不允许连环涂改；一个测站由于各种原因重测时，应整体划掉该测站数据，并在备注栏内注明原因；一个测站重测时，必须变动仪器高度，重新安置仪器，重新观测。

（3）内业计算

将符合限差要求的外业观测数据，包括点号、测段高差、测段测站数等，依次填入“水准路线成果计算表”，按照水准测量内业计算的流程，根据已知点的高程和外业观测值计算各待定点的精确高程。在计算过程中应该注意每一步计算完成后要根据相应的检核条件进行计算检核，确保准确无误后方可进行下一步的计算。

### 3. 图根导线测量

（1）选点与布网

为了后续数字化测图方便，导线点应尽量与水准点相同，如果条件不允许也可以单独布设导线点，除已知点外，选定不少于 5 个待定点，要确保相邻导线点之间能够通视。如果有两对已知点，则可以布设成附合导线，否则需布设成闭合导线。选点时应注意导线要尽可能控制整个测区，同时要确保导线的全长不少于 600m。

如果有已知点，则将已知点的实际坐标值作为起算数据进行导线的计算；如果没有已知点，则可假定任意一个导线点的坐标已知，设其为（1000.000，2000.000），同时假设与该点相连的一条导线边的坐标方位角已知，根据该边的实际方向给定坐标方位角值，确保假定的方位角值与实际方向大致相同。

（2）外业观测

导线的外业观测包括角度测量和距离测量两部分，利用全站仪或经纬仪配合钢尺进行测量。

水平角测量采用测回法，要求每个水平角至少观测 2 测回，各测回之间需要正确配置度盘，即每一测回开始时，在盘左位置瞄准第一个方向后改变水平度盘 $180°/n$，同一水平角上、下半测回角值之差、各测回之间角值之差均不得大于 $30''$。

距离测量利用全站仪或钢尺量距的方式进行，要求对所有的导线边进行往返测量，其相对误差不得大于 1/3000，即

$$\left|\frac{D_{往}-D_{返}}{D_{平均}}\right| \leqslant \frac{1}{3000}$$

角度和距离观测值记录于相应的记录手簿内，并在测站上完成全部的计算内容，经检核无误且符合限差要求方可迁站。记录手簿应该用铅笔规范填写，如有记录错误或计算错误，不能使用橡皮等涂改工具，应将错误数字划去，在其上方填写正确数字，并在备注栏内注明错误原因；一个测站内记录错误不能超过 2 个，否则应重测此测站；同时，角度测量的“秒”位和距离测量的“毫米”位数字不能修改，一个测站内不允许连环涂改；一个测站由于各种原因重测时，应整体划掉该测站数据，并在备注栏内注明原因；一个测站重测时，必须重新配置度盘再进行观测。

（3）内业计算

将检核无误且符合外业限差要求的边长、角度观测数据和已知点或假定已知点的起算数据分别填入“导线坐标计算表”中，按照导线测量内业计算的流程，计算各待定点的精确坐标。在计算过程中应该注意每一步计算完成后要根据相应的检核条件进行计算检核，确保准确无误后方可进行下一步的计算。同时要对角度闭合差、导线全长相对闭合差两个指标进行检查，根据图根导线测量的规范要求，角度闭合差要不大于 $\pm 60''\sqrt{n}$，导线全长相对闭合差要不大于 1/2000。

计算过程中，计算值原则上应与原始观测值保留相同的小数位数，无法整除的部分按照“四舍六入，逢五奇进偶舍”的原则进行小数位的取舍。

#### 4. 大比例尺地形图测绘

（1）设置测站

将全站仪架设在任意的一个导线点上，严格对中与整平，利用卷尺量取全站仪的仪器高，在与测站点相邻的导线点上架设棱镜，作为后视点。全站仪开机，在菜单中新建工程后，选择“设置测站”，依次输入测站点点号、坐标、仪器高度等信息；然后选择“设置后视”，依次输入后视点点号、坐标等信息，并在盘左状态精确照准后视点上的棱镜中心，确认后完成测站的设置。

为了防止设置测站过程中出错，可以用与测站点相通视的另外一个导线点进行检核，确认无误后开始碎部测量。

（2）碎部测量

在测站上环顾四周，初步了解测站周围的地物类型与分布，确定测量的顺序。观测的主要地物类型包括建筑物、道路设施、土质植被、市政设施、水系等，应将测区内地物的拐角点、变化点等特征点作为碎部点进行测量。

碎部测量时，将棱镜立于特征点上，全站仪盘左状态瞄准棱镜中心，输入点号和目标棱镜高度后，点击“测量”按键，待屏幕上出现坐标值后，点击“存储”按键，将所测碎部点存入仪器。与此同时，绘图员应绘制所测区域的草图，将碎部点的点号标记于草图上相应的

位置。

按照同样的方法，依次测量测站范围内的全部碎部点，并检查无误且无遗漏后，将全站仪搬迁至下一个测站，重复上述步骤，直至测区内全部地物测量完毕。

如果采用GNSS接收机进行碎部测量，则首先需要建立RTK基准站，并采集导线点坐标进行坐标校正，或者直接接入CORS站系统。然后在观测手簿中新建工程，依次将接收机置于碎部点上进行测量，直至所有碎部点测量完毕。

(3) 内业成图

将全站仪或GNSS接收机通过蓝牙或数据线与计算机相连，导出外业观测数据，并根据绘图软件的要求转换至相应的格式。利用CASS或其他数字化成图软件读取数据，结合外业绘制的草图，绘制1∶500比例尺的地形图，并进行整饰，检查无误后提交成果。

## 四、实习或实训的组织

实习或实训原则上在校内进行，每个班级配备两名指导教师，实习或实训期间与实习实训相关的组织和管理工作均由指导教师负责，学生应服从指导教师的管理与安排。

实习或实训工作按小组进行，每个教学班级原则上按照自愿的原则进行分组，每组4～6人。实习小组采用组长负责制，每个小组设组长1人，组长负责组内的实习分工和仪器管理等工作，组员应在组长的统一安排下，分工协作，共同完成实习任务。组内分配任务时，应注意组员的轮岗，确保每人都较为均衡地承担了各项实习工作。

## 五、实习或实训的要求与注意事项

### 1. 纪律要求

(1) 实习或实训期间必须严格遵守学校的各项规章制度以及实习或实训的相关规定。

(2) 实习或实训期间严禁擅自离开学校或实习基地，如有特殊情况，应按照学校的有关规定履行请假与销假手续。

### 2. 理论与技术准备

实习或实训开始前应认真阅读实习实训指导书，充分了解实习实训的任务与要求。根据任务对应复习教材中的有关章节和有关内容，为实习实训做好充足的理论准备和技术准备。

### 3. 仪器使用的注意事项

测量仪器是实习或实训的重要工具，是顺利完成实习或实训任务的基础，在仪器设备的使用与保管方面应注意以下几点：

(1) 从实验室借出仪器设备后，应第一时间清点与检查，确认仪器数量，确保所领取的仪器和工具均无异常。

(2) 每次外出测量前与收工后都应该对仪器进行认真清点与检查，确保没有遗漏与损坏。

(3) 要按照规定的时间到指定的实验室借用仪器设备，并于规定的时间内归还，严格遵守实验室的借领制度。

(4) 在实习或实训场地测量期间，任何的仪器或工具都不能处于无人看管状态。

(5) 实习或实训期间，组长负责保管仪器设备，或组长指定专人保管。

(6) 在实习或实训过程中，应严格按照规范操作仪器，如因人为原因造成的仪器损坏，应按价赔偿或负责维修。仪器发生任何故障或异常，均应第一时间交由指导教师处理。

#### 4. 内业计算的注意事项

每一项外业工作完成后要当场进行相关限差的检核，如有超限应安排返工重测。外业成果合格后，应及时进行内业计算，内业计算过程中如果有超限之处，应停止计算，进行外业返工。计算时，应保持计算表格清晰、整洁、字迹工整，不得涂改，如有计算错误之处，应该划掉之后在上方重新填写。所有的外业原始观测数据和内业计算成果应妥善保存，不得遗失。

#### 5. 其他注意事项

实习或实训要严格按照相关规范和规定进行，要注意以下几种情况：

（1）出工和收工时务必清点仪器和工具，测量过程中不得随意与他人更换仪器，避免出现仪器不配套或辅助工具丢失的情况。

（2）仪器和工具要轻拿轻放，仪器箱要扣好锁紧，避免仪器摔落造成仪器的损坏。

（3）外业测量时每一个仪器和工具都要有专人负责，不得随意放置，更不能用作他用，仪器箱严禁坐人或踩踏，以免造成仪器和附属工具与配件的丢失或损坏。

（4）控制点应避免设于路中央或阻碍行人、车辆正常通行之处。

（5）组内要合理分工，团结协作，避免出现相互推诿等影响实习或实训的现象。

（6）注意遵守学校或实习基地的规章制度，服从学校或实习基地的管理，注意爱护环境，实习或实训过程中产生的垃圾应带走或及时清扫，实习过程中的一次性用具或标记，应在实习结束后予以清理。

### 六、实习或实训成果的提交

实习或实训完成后，小组应整理原始观测数据等成果。个人应及时完成实习或实训报告中规定的全部内容，根据指导教师的要求，在规定的时间内提交实习或实训报告以及其他需要提交的成果。

# 第四部分
# 《土木工程测量》实验报告

班级：____________________ 学号：____________________

姓名：____________________ 组别：____________________

日期：____________________

# 实验一　水准仪的认识与使用

**实验日期：** ＿＿＿＿＿年＿＿＿＿＿月＿＿＿＿＿日　　　　第＿＿＿＿＿教学周

## 一、主要实验设备

| 序号 | 名称 | 规格、型号 | 设备编号 | 数量 | 设备状态 | 备注 |
|---|---|---|---|---|---|---|
| | | | | | | |
| | | | | | | |
| | | | | | | |
| | | | | | | |

## 二、主要实验步骤

## 三、实验操作记录

测区＿＿＿＿＿＿＿＿　　仪器型号＿＿＿＿＿＿＿＿　　观测者＿＿＿＿＿＿＿＿

时间＿＿＿年＿＿月＿＿日　　天气＿＿＿＿＿＿＿＿＿＿　　记录者＿＿＿＿＿＿＿＿

| 测站 | 点号 | 水准尺读数/m | | 高差/m | | 高程/m | 备注 |
|---|---|---|---|---|---|---|---|
| | | 后视读数 $a$ | 前视读数 $b$ | + | − | | |
| | | | | | | | |
| | | | | | | | |
| | | | | | | | |
| | | | | | | | |
| | | | | | | | |
| | | | | | | | |
| | | | | | | | |
| | | | | | | | |
| | | | | | | | |
| | | | | | | | |
| | | | | | | | |
| | | | | | | | |
| 计算检核 | | | | | | | |
| | | | | | | | |

**四、实验结果分析与实验总结**

成绩评定

实验成绩：________________________

教师评语：

教师签字：____________批改日期：________年________月________日

# 实验二 水准测量的外业工作

实验日期：________年________月________日　　　　第________教学周

## 一、主要实验设备

| 序号 | 名称 | 规格、型号 | 设备编号 | 数量 | 设备状态 | 备注 |
| --- | --- | --- | --- | --- | --- | --- |
| | | | | | | |
| | | | | | | |
| | | | | | | |
| | | | | | | |

## 二、主要实验步骤

## 三、实验操作记录

测区______________　　仪器型号______________　　观测者______________

时间______年____月____日　　天气________________　　记录者______________

| 测站 | 测点 | 水准尺读数/m | | 高差/m | 备注 |
| --- | --- | --- | --- | --- | --- |
| | | 后视读数 | 前视读数 | | |
| | | | | | |
| | | | | | |
| | | | | | |
| | | | | | |
| | | | | | |
| | | | | | |
| | | | | | |
| | | | | | |
| | | | | | |
| | | | | | |
| | | | | | |
| | | | | | |
| | | | | | |
| | | | | | |
| | | | | | |
| | | | | | |
| | | | | | |
| | | | | | |
| | | | | | |
| | | | | | |
| | | | | | |
| | | | | | |
| | | | | | |
| | | | | | |
| | | | | | |
| | | | | | |
| | | | | | |
| | | | | | |
| | | | | | |
| | | | | | |
| 合计 | | | | | |

高差闭合差 $f_h$ =__________ mm

高差闭合差限差 $f_{限}$ =__________ mm

## 四、强化练习

下表中为一条闭合水准路线的外业观测数据，其中 $BM1$ 点为已知点，$M$、$N$、$P$、$Q$ 四点为待定点，根据表中的观测数据计算各测站高差，并计算线路闭合差。

注：表中 $a$ 为个人学号后三位，$c$ 为学号末位。

学号：__________　　姓名：__________

| 测站 | 测点 | 水准尺读数/m | | 高差/m | 备注 |
|---|---|---|---|---|---|
| | | 后视读数 | 前视读数 | | |
| 1 | $BM1$ | $1.000+a/1000$ | | | |
| | $TP1$ | | 0.993 | | |
| 2 | $TP1$ | 0.556 | | | |
| | $M$ | | 1.125 | | |
| 3 | $M$ | 1.447 | | | |
| | $N$ | | 1.239 | | |
| 4 | $N$ | 1.059 | | | |
| | $TP2$ | | $2.000-a/1000$ | | |
| 5 | $TP2$ | 1.556 | | | |
| | $TP3$ | | 1.158 | | |
| 6 | $TP3$ | 0.998 | | | |
| | $P$ | | 1.672 | | |
| 7 | $P$ | 1.623 | | | |
| | $Q$ | | 1.099 | | |
| 8 | $Q$ | $1.500-a/1000$ | | | |
| | $TP4$ | | 1.015 | | |
| 9 | $TP4$ | 1.571 | | | |
| | $TP5$ | | $1.200+a/1000$ | | |
| 10 | $TP5$ | $1.711+c/1000$ | | | |
| | $BM1$ | | 1.500 | | |
| Σ | | | | | |

高差闭合差 $f_h=$__________ mm

高差闭合差限差 $f_{限}=$__________ mm

## 五、实验结果分析与实验总结

成绩评定

实验成绩：________________

| 教师评语：<br><br><br><br>教师签字：__________批改日期：________年________月________日 |
| --- |

# 实验三　水准测量的内业计算

实验日期：__________年__________月__________日　　　　第__________教学周

## 一、主要实验设备

| 序号 | 名称 | 规格、型号 | 设备编号 | 数量 | 设备状态 | 备注 |
| --- | --- | --- | --- | --- | --- | --- |
|  |  |  |  |  |  |  |
|  |  |  |  |  |  |  |
|  |  |  |  |  |  |  |
|  |  |  |  |  |  |  |

## 二、主要实验步骤

## 三、闭合水准路线成果计算

根据实验二中闭合水准路线或附合水准路线的外业观测值和 $BM1$、$BM2$ 点的已知高程或假定高程，在下表中进行计算，得到各个待定点的精确高程值。

| 点号 | 测站数 | 观测高差/m | 改正数/mm | 改正后高差/m | 高程/m | 备注 |
| --- | --- | --- | --- | --- | --- | --- |
| | | | | | | |
| | | | | | | |
| | | | | | | |
| | | | | | | |
| | | | | | | |
| | | | | | | |
| 合计 | | | | | | |
| 计算检核 | | | | | | |

## 四、强化练习

根据实验二内“强化练习”中的数据在下表中进行计算，得到各个待定点的精确高程值。

注：表中 $a$ 为个人学号后三位。

| 点号 | 测站数 | 观测高差/m | 改正数/mm | 改正后高差/m | 高程/m | 备注 |
| --- | --- | --- | --- | --- | --- | --- |
| *BM*1 | | | | | 100.000＋$a$ | |
| *M* | | | | | | |
| *N* | | | | | | |
| *P* | | | | | | |
| *Q* | | | | | | |
| *BM*1 | | | | | 100.000＋$a$ | |
| 合计 | | | | | | |
| 计算检核 | | | | | | |

## 五、实验结果分析与实验总结

成绩评定

实验成绩：________________

| 教师评语： |
| --- |
| 教师签字：__________批改日期：______年______月______日 |

# 实验四　经纬仪的认识与使用

**实验日期：**＿＿＿＿年＿＿＿＿月＿＿＿＿日　　　　第＿＿＿＿教学周

## 一、主要实验设备

| 序号 | 名称 | 规格、型号 | 设备编号 | 数量 | 设备状态 | 备注 |
|---|---|---|---|---|---|---|
| | | | | | | |
| | | | | | | |
| | | | | | | |
| | | | | | | |

## 二、主要实验步骤

## 三、实验操作记录

测区＿＿＿＿＿＿＿＿　　仪器型号＿＿＿＿＿＿＿＿　　观测者＿＿＿＿＿＿＿＿

时间＿＿＿年＿＿月＿＿日　　天气＿＿＿＿＿＿＿＿　　记录者＿＿＿＿＿＿＿＿

| 目标 | 盘左读数<br>/(°　′　″) | 盘右读数<br>/(°　′　″) | 备注 |
|---|---|---|---|
| | | | |
| | | | |
| | | | |
| | | | |
| | | | |
| | | | |
| | | | |
| | | | |

## 四、实验结果分析与实验总结

成绩评定

实验成绩：________________

<table><tr><td>教师评语：<br><br><br><br>教师签字：____________批改日期：________年________月________日</td></tr></table>

# 实验五　全站仪的认识与使用

**实验日期：**________年________月________日　　　　**第**________**教学周**

## 一、主要实验设备

| 序号 | 名称 | 规格、型号 | 设备编号 | 数量 | 设备状态 | 备注 |
|---|---|---|---|---|---|---|
| | | | | | | |
| | | | | | | |
| | | | | | | |
| | | | | | | |

## 二、主要实验步骤

## 三、实验操作记录

测区____________　　仪器型号____________　　观测者____________

时间____年___月___日　　天气____________　　记录者____________

| 测站 | 目标 | 盘 | 水平度盘读数 /(° ′ ″) | 竖直度盘读数 /(° ′ ″) | 水平距离/m | 倾斜距离/m | 备注 |
|---|---|---|---|---|---|---|---|
| | | 左 | | | | | |
| | | 右 | | | | | |
| | | 左 | | | | | |
| | | 右 | | | | | |
| | | 左 | | | | | |
| | | 右 | | | | | |
| | | 左 | | | | | |
| | | 右 | | | | | |
| | | 左 | | | | | |
| | | 右 | | | | | |
| | | 左 | | | | | |
| | | 右 | | | | | |

## 四、实验结果分析与实验总结

成绩评定

实验成绩：________________________

教师评语：

教师签字：____________批改日期：________年________月________日

# 实验六　测回法观测水平角

**实验日期：**__________**年**__________**月**__________**日**　　　　**第**__________**教学周**

## 一、主要实验设备

| 序号 | 名称 | 规格、型号 | 设备编号 | 数量 | 设备状态 | 备注 |
| --- | --- | --- | --- | --- | --- | --- |
| | | | | | | |
| | | | | | | |
| | | | | | | |
| | | | | | | |

## 二、主要实验步骤

## 三、实验操作记录

**测回法观测手簿**

测区________________　　仪器型号________________　　观测者________________

时间______年____月____日　　天气____________________　　记录者________________

| 测站 | 竖盘位置 | 目标 | 水平度盘读数 /(° ′ ″) | 半测回角值 /(° ′ ″) | 一测回角值 /(° ′ ″) | 各测回平均角值 /(° ′ ″) | 备注 |
| --- | --- | --- | --- | --- | --- | --- | --- |
| | 左 | | | | | | |
| | | | | | | | |
| | 右 | | | | | | |
| | | | | | | | |
| | 左 | | | | | | |
| | | | | | | | |
| | 右 | | | | | | |
| | | | | | | | |
| | 左 | | | | | | |
| | | | | | | | |
| | 右 | | | | | | |
| | | | | | | | |
| | 左 | | | | | | |
| | | | | | | | |
| | 右 | | | | | | |
| | | | | | | | |

## 四、强化练习

下表中为一个水平角两个测回的外业观测数据，根据表中的观测数据计算角值，其中，$b$ 为学号后两位。

学号：__________ 姓名：__________

| 测站 | 盘 | 目标 | 水平度盘读数 /(° ′ ″) | 半测回角值 /(° ′ ″) | 一测回角值 /(° ′ ″) | 各测回平均角值 /(° ′ ″) | 备注 |
|---|---|---|---|---|---|---|---|
| $O$ | 左 | $M$ | 0 00 00 | | | | |
| | | $N$ | 145 26($b$) | | | | |
| | 右 | $M$ | 180 00 26 | | | | |
| | | $N$ | 325 26($b$+12) | | | | |
| $O$ | 左 | $M$ | 89 59 54 | | | | |
| | | $N$ | 235 26($b$+6) | | | | |
| | 右 | $M$ | 270 00 12 | | | | |
| | | $N$ | 55 26($b$+18) | | | | |

## 五、实验结果分析与实验总结

成绩评定

实验成绩：__________

教师评语：

教师签字：__________ 批改日期：______年______月______日

# 实验七　方向观测法观测水平方向

**实验日期：**__________**年**__________**月**__________**日**　　　　**第**__________**教学周**

## 一、主要实验设备

| 序号 | 名称 | 规格、型号 | 设备编号 | 数量 | 设备状态 | 备注 |
| --- | --- | --- | --- | --- | --- | --- |
| | | | | | | |
| | | | | | | |
| | | | | | | |
| | | | | | | |

## 二、主要实验步骤

## 三、实验操作记录

**方向观测法观测手簿**

测区________________　　仪器型号________________　　观测者________________

时间______年____月____日　　天气____________________　　记录者________________

| 测回 | 测站 | 目标 | 读数 | | 2c /(″) | 平均读数 /(° ′ ″) | 归零方向值 /(° ′ ″) | 各测回平均方向 /(° ′ ″) | 备注 |
| --- | --- | --- | --- | --- | --- | --- | --- | --- | --- |
| | | | 盘左读数 /(° ′ ″) | 盘右读数 /(° ′ ″) | | | | | |
| | | | | | | | | | |
| | | | | | | | | | |
| | | | | | | | | | |
| | | | | | | | | | |
| | | | | | | | | | |
| | | | | | | | | | |
| | | | | | | | | | |
| | | | | | | | | | |
| | | | | | | | | | |
| | | | | | | | | | |

续表

| 测回 | 测站 | 目标 | 读数 | | 2c/(″) | 平均读数/(° ′ ″) | 归零方向值/(° ′ ″) | 各测回平均方向/(° ′ ″) | 备注 |
|---|---|---|---|---|---|---|---|---|---|
| | | | 盘左读数/(° ′ ″) | 盘右读数/(° ′ ″) | | | | | |
| | | | | | | | | | |
| | | | | | | | | | |
| | | | | | | | | | |
| | | | | | | | | | |
| | | | | | | | | | |
| | | | | | | | | | |
| | | | | | | | | | |
| | | | | | | | | | |
| | | | | | | | | | |
| | | | | | | | | | |

## 四、实验结果分析与实验总结

成绩评定

实验成绩：________________

教师评语：

教师签字：__________ 批改日期：______年______月______日

# 实验八 竖直角的观测与指标差的计算

**实验日期：** ＿＿＿＿年＿＿＿＿月＿＿＿＿日　　　第＿＿＿＿教学周

## 一、主要实验设备

| 序号 | 名称 | 规格、型号 | 设备编号 | 数量 | 设备状态 | 备注 |
|---|---|---|---|---|---|---|
| | | | | | | |
| | | | | | | |
| | | | | | | |
| | | | | | | |

## 二、主要实验步骤

## 三、实验操作记录

**竖直角观测手簿**

测区＿＿＿＿＿＿　仪器型号＿＿＿＿＿＿　观测者＿＿＿＿＿＿

时间＿＿年＿＿月＿＿日　天气＿＿＿＿＿＿　记录者＿＿＿＿＿＿

| 测站 | 目标 | 竖盘位置 | 竖盘读数/(° ′ ″) | 半测回竖直角/(° ′ ″) | 指标差/(″) | 一测回竖直角/(° ′ ″) | 备注 |
|---|---|---|---|---|---|---|---|
| | | 左 | | | | | |
| | | 右 | | | | | |
| | | 左 | | | | | |
| | | 右 | | | | | |
| | | 左 | | | | | |
| | | 右 | | | | | |
| | | 左 | | | | | |
| | | 右 | | | | | |
| | | 左 | | | | | |
| | | 右 | | | | | |
| | | 左 | | | | | |
| | | 右 | | | | | |
| | | 左 | | | | | |
| | | 右 | | | | | |

## 四、强化练习

下表为两个目标的外业竖直角观测数据，根据表中的观测数据计算相应的竖直角角值与指标差，其中，$b$ 为学号后两位。

学号：________________　　姓名：________________

| 测站 | 目标 | 竖盘位置 | 竖盘读数 /(° ′ ″) | 半测回竖直角 /(° ′ ″) | 指标差 /(″) | 一测回竖直角 /(° ′ ″) | 备注 |
|---|---|---|---|---|---|---|---|
| $O$ | $P$ | 左 | 92 36($b$) | | | | |
| | | 右 | 267 24($b$) | | | | |
| $O$ | $Q$ | 左 | 85 49($b$) | | | | |
| | | 右 | 274 10($b$) | | | | |

## 五、实验结果分析与实验总结

成绩评定

实验成绩：________________________

教师评语：

教师签字：____________批改日期：________年________月________日

# 实验九　GNSS施工放样

**实验日期：**__________年__________月__________日　　　　第__________教学周

## 一、主要实验设备

| 序号 | 名称 | 规格、型号 | 设备编号 | 数量 | 设备状态 | 备注 |
|---|---|---|---|---|---|---|
| | | | | | | |
| | | | | | | |
| | | | | | | |
| | | | | | | |

## 二、主要实验步骤

## 三、实验操作记录

### 点坐标放样记录表

测区________________ 仪器型号________________ 观测者________________

时间______年____月____日 天气____________________ 记录者________________

<table>
<tr><td rowspan="19">测量内容及结果</td><td rowspan="2">校正点</td><td rowspan="2">点名</td><td colspan="6">坐标</td></tr>
<tr><td colspan="3">X/m</td><td colspan="3">Y/m</td></tr>
<tr><td>1</td><td></td><td colspan="3"></td><td colspan="3"></td></tr>
<tr><td>2</td><td></td><td colspan="3"></td><td colspan="3"></td></tr>
<tr><td>3</td><td></td><td colspan="3"></td><td colspan="3"></td></tr>
<tr><td rowspan="2">测点里程</td><td rowspan="2">测点位置</td><td colspan="2">设计坐标</td><td colspan="2">实测坐标</td><td colspan="2">差值</td></tr>
<tr><td>X/m</td><td>Y/m</td><td>X/m</td><td>Y/m</td><td>ΔX/m</td><td>ΔY/m</td></tr>
<tr><td></td><td></td><td></td><td></td><td></td><td></td><td></td><td></td></tr>
<tr><td></td><td></td><td></td><td></td><td></td><td></td><td></td><td></td></tr>
<tr><td></td><td></td><td></td><td></td><td></td><td></td><td></td><td></td></tr>
<tr><td></td><td></td><td></td><td></td><td></td><td></td><td></td><td></td></tr>
<tr><td></td><td></td><td></td><td></td><td></td><td></td><td></td><td></td></tr>
<tr><td></td><td></td><td></td><td></td><td></td><td></td><td></td><td></td></tr>
<tr><td></td><td></td><td></td><td></td><td></td><td></td><td></td><td></td></tr>
<tr><td></td><td></td><td></td><td></td><td></td><td></td><td></td><td></td></tr>
<tr><td></td><td></td><td></td><td></td><td></td><td></td><td></td><td></td></tr>
<tr><td></td><td></td><td></td><td></td><td></td><td></td><td></td><td></td></tr>
<tr><td></td><td></td><td></td><td></td><td></td><td></td><td></td><td></td></tr>
<tr><td>示意图</td><td colspan="7"></td></tr>
</table>

## 四、实验结果分析与实验总结

成绩评定

实验成绩：________________

教师评语：

教师签字：__________ 批改日期：________年________月________日

# 第五部分
# 《土木工程测量》实习报告

班级：＿＿＿＿＿＿＿＿　　学号：＿＿＿＿＿＿＿＿

姓名：＿＿＿＿＿＿＿＿　　组别：＿＿＿＿＿＿＿＿

日期：＿＿＿＿＿＿＿＿

## 一、实习目标

## 二、实习任务

## 三、实习要求

## 四、测区概况

## 五、主要仪器设备

| 序号 | 名称 | 规格、型号 | 设备编号 | 数量 | 设备状态 | 备注 |
| --- | --- | --- | --- | --- | --- | --- |
| | | | | | | |
| | | | | | | |
| | | | | | | |
| | | | | | | |
| | | | | | | |
| | | | | | | |
| | | | | | | |
| | | | | | | |
| | | | | | | |
| | | | | | | |
| | | | | | | |
| | | | | | | |

## 六、等外水准测量

### 1. 水准网略图

## 2. 外业观测数据

测区________________　　仪器型号________________　　观测者________________

时间______年____月____日　　天气____________________　　记录者________________

| 测站 | 测点 | 水准尺读数/m | | 高差/m | 备注 |
|---|---|---|---|---|---|
| | | 后视读数 | 前视读数 | | |
| | | | | | |
| | | | | | |
| | | | | | |
| | | | | | |
| | | | | | |
| | | | | | |
| | | | | | |
| | | | | | |
| | | | | | |
| | | | | | |
| | | | | | |
| | | | | | |
| | | | | | |
| | | | | | |
| | | | | | |
| | | | | | |
| | | | | | |
| | | | | | |
| | | | | | |
| | | | | | |
| | | | | | |
| | | | | | |
| | | | | | |
| | | | | | |
| | | | | | |
| | | | | | |
| | | | | | |
| | | | | | |
| | | | | | |
| | | | | | |
| 合计 | | | | | |

测区________________　　　　仪器型号________________　　　　观测者________________

时间______年____月____日　　　　天气____________________　　　　记录者________________

| 测站 | 测点 | 水准尺读数/m | | 高差/m | 备注 |
|---|---|---|---|---|---|
| | | 后视读数 | 前视读数 | | |
| | | | | | |
| | | | | | |
| | | | | | |
| | | | | | |
| | | | | | |
| | | | | | |
| | | | | | |
| | | | | | |
| | | | | | |
| | | | | | |
| | | | | | |
| | | | | | |
| | | | | | |
| | | | | | |
| | | | | | |
| | | | | | |
| | | | | | |
| | | | | | |
| | | | | | |
| | | | | | |
| | | | | | |
| | | | | | |
| | | | | | |
| | | | | | |
| | | | | | |
| | | | | | |
| | | | | | |
| | | | | | |
| | | | | | |
| | | | | | |
| 合计 | | | | | |

测区________________　　仪器型号________________　　观测者________________

时间______年____月____日　　天气____________________　　记录者________________

| 测站 | 测点 | 水准尺读数/m | | 高差/m | 备注 |
|---|---|---|---|---|---|
| | | 后视读数 | 前视读数 | | |
| | | | | | |
| | | | | | |
| | | | | | |
| | | | | | |
| | | | | | |
| | | | | | |
| | | | | | |
| | | | | | |
| | | | | | |
| | | | | | |
| | | | | | |
| | | | | | |
| | | | | | |
| | | | | | |
| | | | | | |
| | | | | | |
| | | | | | |
| | | | | | |
| | | | | | |
| | | | | | |
| | | | | | |
| | | | | | |
| | | | | | |
| | | | | | |
| | | | | | |
| | | | | | |
| | | | | | |
| | | | | | |
| | | | | | |
| | | | | | |
| 合计 | | | | | |

### 3. 水准测量成果计算

| 点号 | 测站数 | 观测高差/m | 改正数/mm | 改正后高差/m | 高程/m | 备注 |
|---|---|---|---|---|---|---|
| | | | | | | |
| | | | | | | |
| | | | | | | |
| | | | | | | |
| | | | | | | |
| | | | | | | |
| | | | | | | |
| | | | | | | |
| 合计 | | | | | | |
| 计算检核 | | | | | | |

## 七、导线测量

### 1. 导线网略图

## 2. 水平角外业观测数据

**测回法观测手簿**

测区＿＿＿＿＿＿＿＿　　仪器型号＿＿＿＿＿＿＿＿　　观测者＿＿＿＿＿＿＿＿

时间＿＿＿年＿＿月＿＿日　　天气＿＿＿＿＿＿＿＿＿＿　　记录者＿＿＿＿＿＿＿＿

| 测站 | 竖盘位置 | 目标 | 水平度盘读数 /(°　′　″) | 半测回角值 /(°　′　″) | 一测回角值 /(°　′　″) | 各测回平均角值 /(°　′　″) | 备注 |
|---|---|---|---|---|---|---|---|
| | 左 | | | | | | |
| | | | | | | | |
| | 右 | | | | | | |
| | | | | | | | |
| | 左 | | | | | | |
| | | | | | | | |
| | 右 | | | | | | |
| | | | | | | | |
| | 左 | | | | | | |
| | | | | | | | |
| | 右 | | | | | | |
| | | | | | | | |
| | 左 | | | | | | |
| | | | | | | | |
| | 右 | | | | | | |
| | | | | | | | |
| | 左 | | | | | | |
| | | | | | | | |
| | 右 | | | | | | |
| | | | | | | | |
| | 左 | | | | | | |
| | | | | | | | |
| | 右 | | | | | | |
| | | | | | | | |
| | 左 | | | | | | |
| | | | | | | | |
| | 右 | | | | | | |
| | | | | | | | |
| | 左 | | | | | | |
| | | | | | | | |
| | 右 | | | | | | |
| | | | | | | | |

## 测回法观测手簿

测区________　　仪器型号________　　观测者________

时间____年____月____日　　天气________　　记录者________

| 测站 | 竖盘位置 | 目标 | 水平度盘读数 /(° ′ ″) | 半测回角值 /(° ′ ″) | 一测回角值 /(° ′ ″) | 各测回平均角值 /(° ′ ″) | 备注 |
|---|---|---|---|---|---|---|---|
| | 左 | | | | | | |
| | | | | | | | |
| | 右 | | | | | | |
| | | | | | | | |
| | 左 | | | | | | |
| | | | | | | | |
| | 右 | | | | | | |
| | | | | | | | |
| | 左 | | | | | | |
| | | | | | | | |
| | 右 | | | | | | |
| | | | | | | | |
| | 左 | | | | | | |
| | | | | | | | |
| | 右 | | | | | | |
| | | | | | | | |
| | 左 | | | | | | |
| | | | | | | | |
| | 右 | | | | | | |
| | | | | | | | |
| | 左 | | | | | | |
| | | | | | | | |
| | 右 | | | | | | |
| | | | | | | | |
| | 左 | | | | | | |
| | | | | | | | |
| | 右 | | | | | | |
| | | | | | | | |
| | 左 | | | | | | |
| | | | | | | | |
| | 右 | | | | | | |
| | | | | | | | |
| | 左 | | | | | | |
| | | | | | | | |
| | 右 | | | | | | |
| | | | | | | | |

## 3. 水平距离外业观测手簿

**水平距离观测手簿**

测区________　　仪器型号________　　观测者________

时间_____年____月____日　　天气________　　记录者________

| 边 | 往/返测 | 读数 1/m | 读数 2/m | 读数 3/m | 读数 4/m | 平均值/m | 往返平均值/m | 相对误差 |
|---|---|---|---|---|---|---|---|---|
| 至 | 往测 | | | | | | | |
| | 返测 | | | | | | | |
| 至 | 往测 | | | | | | | |
| | 返测 | | | | | | | |
| 至 | 往测 | | | | | | | |
| | 返测 | | | | | | | |
| 至 | 往测 | | | | | | | |
| | 返测 | | | | | | | |
| 至 | 往测 | | | | | | | |
| | 返测 | | | | | | | |
| 至 | 往测 | | | | | | | |
| | 返测 | | | | | | | |
| 至 | 往测 | | | | | | | |
| | 返测 | | | | | | | |
| 至 | 往测 | | | | | | | |
| | 返测 | | | | | | | |
| 至 | 往测 | | | | | | | |
| | 返测 | | | | | | | |
| 至 | 往测 | | | | | | | |
| | 返测 | | | | | | | |
| 至 | 往测 | | | | | | | |
| | 返测 | | | | | | | |

测区________ 仪器型号________ 观测者________

时间____年__月__日 天气________ 记录者________

| 边 | 往/返测 | 读数 1/m | 读数 2/m | 读数 3/m | 读数 4/m | 平均值/m | 往返平均值/m | 相对误差 |
|---|---|---|---|---|---|---|---|---|
| 至 | 往测 | | | | | | | |
| | 返测 | | | | | | | |
| 至 | 往测 | | | | | | | |
| | 返测 | | | | | | | |
| 至 | 往测 | | | | | | | |
| | 返测 | | | | | | | |
| 至 | 往测 | | | | | | | |
| | 返测 | | | | | | | |
| 至 | 往测 | | | | | | | |
| | 返测 | | | | | | | |
| 至 | 往测 | | | | | | | |
| | 返测 | | | | | | | |
| 至 | 往测 | | | | | | | |
| | 返测 | | | | | | | |
| 至 | 往测 | | | | | | | |
| | 返测 | | | | | | | |
| 至 | 往测 | | | | | | | |
| | 返测 | | | | | | | |
| 至 | 往测 | | | | | | | |
| | 返测 | | | | | | | |
| 至 | 往测 | | | | | | | |
| | 返测 | | | | | | | |
| 至 | 往测 | | | | | | | |
| | 返测 | | | | | | | |

## 4. 导线测量内业计算

**导线坐标计算表**

| 点号 | 观测角(内角) /(° ′ ″) | 改正数 /(″) | 改正角 /(° ′ ″) | 坐标方位角 /(° ′ ″) | 距离 $D$/m | 增量计算值 | | 改正后增量 | | 坐标值 | |
|---|---|---|---|---|---|---|---|---|---|---|---|
| | | | | | | $\Delta x$/m | $\Delta y$/m | $\Delta x$/m | $\Delta y$/m | $x$/m | $y$/m |
| | | | | | | | | | | | |
| | | | | | | | | | | | |
| | | | | | | | | | | | |
| | | | | | | | | | | | |
| | | | | | | | | | | | |
| | | | | | | | | | | | |
| | | | | | | | | | | | |
| | | | | | | | | | | | |
| | | | | | | | | | | | |
| 总和 | | | | | | | | | | | |
| 辅助计算 | | | | | | | | | | | |

导线坐标计算表

| 点号 | 观测角(内角)/(° ′ ″) | 改正数/(″) | 改正角/(° ′ ″) | 坐标方位角/(° ′ ″) | 距离 $D$/m | 增量计算值 | | 改正后增量 | | 坐标值 | |
|---|---|---|---|---|---|---|---|---|---|---|---|
| | | | | | | $\Delta x$/m | $\Delta y$/m | $\Delta x$/m | $\Delta y$/m | $x$/m | $y$/m |
| | | | | | | | | | | | |
| | | | | | | | | | | | |
| | | | | | | | | | | | |
| | | | | | | | | | | | |
| | | | | | | | | | | | |
| | | | | | | | | | | | |
| | | | | | | | | | | | |
| | | | | | | | | | | | |
| | | | | | | | | | | | |
| 总和 | | | | | | | | | | | |
| 辅助计算 | | | | | | | | | | | |

## 5. 控制点成果表

| 点号 | 高程/m | X 坐标/m | Y 坐标/m | 至点 | 边长/m | 坐标方位角/(° ′ ″) |
|---|---|---|---|---|---|---|
| | | | | | | |
| | | | | | | |
| | | | | | | |
| | | | | | | |
| | | | | | | |
| | | | | | | |
| | | | | | | |
| | | | | | | |
| | | | | | | |
| | | | | | | |
| | | | | | | |
| | | | | | | |
| | | | | | | |
| | | | | | | |
| | | | | | | |
| | | | | | | |
| | | | | | | |
| | | | | | | |
| | | | | | | |
| | | | | | | |
| | | | | | | |
| | | | | | | |

## 八、大比例尺地形图测绘

### 1. 碎部点坐标

可将全部或部分碎部点数据文件打印后粘贴于此处。

## 2. 测区草图

请在此绘制测区的草图，也可外业测量时用其他纸张绘制草图，然后将草图粘贴于此处。

### 3. 大比例尺地形图成果图

将绘制完成的大比例尺地形图打印后粘贴于此处。

## 九、实习总结

成绩评定

实习成绩：________________________

| 教师评语：<br><br><br><br>教师签字：____________批改日期：________年________月________日 |
| --- |

# 参考文献

[1] 国家质量监督检验检疫总局，国家标准化管理委员会．国家三、四等水准测量规范（GB/T 12898—2009）[S]．北京：中国标准出版社，2009．

[2] 国家质量监督检验检疫总局，国家标准化管理委员会．国家一、二等水准测量规范（GB/T 12897—2006）[S]．北京：中国标准出版社，2006．

[3] 国家质量监督检验检疫总局，国家标准化管理委员会．全球定位系统（GPS）测量规范（GB/T 18314—2009）[S]．北京：中国标准出版社，2009．

[4] 刘茂华，等．工程测量 [M]．上海：同济大学出版社，2015．

[5] 刘茂华，等．测量学 [M]．北京：清华大学出版社，2015．

[6] 中华人民共和国国家标准．工程测量规范（GB 50026—2007）[S]．北京：中国计划出版社，2007．

[7] 中华人民共和国建设部．城市测量规范（CJJ/T 8—2011）[S]．北京：中国建筑工业出版社，2011．

[8] 刘玉梅．工程测量实验实习指导与报告 [M]．北京：化学工业出版社，2012．

[9] 王岩，等．控制测量学 [M]．北京：清华大学出版社，2015．

[10] 金芳芳．土木工程测量实训教程 [M]．南京：东南大学出版社，2014．

[11] 肖争鸣，等．工程测量实训教程 [M]．北京：中国建筑工业出版社，2020．

[12] 周国树，等．测量学实验实习任务与指导 [M]．北京：测绘出版社，2011．

[13] 张豪．土木工程测量实验与实习指导教程 [M]．北京：中国建筑工业出版社，2018．

[14] 宋怀庆，等．测量学实践指导与习题 [M]．成都：西南交通大学出版社，2021．

[15] 高珊，等．工程测量（含实训指导）[M]．成都：西南交通大学出版社，2019．